ALLT OM NVIVO 10

Världens ledande verktyg för kvalitativ dataanalys

Av Bengt M. Edhlund & Allan G. McDougall

FORM & KUNSKAP AB
INFORMATION TECHNOLOGY

FORM & KUNSKAP AB • BOX 4 • 645 06 STALLARHOLMEN • TEL 0152-201 80
SALES@FORMKUNSKAP.SE • WWW.FORMKUNSKAP.SE

FÖRORD

Allt om NVivo 10 är vår kompletta handbok för världens populäraste programvara för kvalitativ analys. Boken har två författare. Bengt Edhlund är lärare med mångårig erfarenhet av att undervisa och skriva om forskarens mest användbara programvaror. Allan McDougall har arbetat med NVivo 8, NVivo 9 och NVivo 10 som kvalitativ forskare och doktorand inom hälsovården. Vi har tillsammans skrivit denna bok med lättfattliga instruktioner och goda råd till både nybörjare och mera erfarna användare . Vi har sökt skapa funktionsblock av denna programvara som kan beskrivas steg för steg. Vi har också velat beskriva hur man använder NVivo 10 i samarbete i projektgrupp. Hoppas du som läsare kommer att ha nytta och nöje av denna bok. Du är välkommen att kontakta oss närhelst du känner behov därav på: info@formkunskap.com

Form & Kunskap AB, grundat av Bengt 1993, är ett utbildningsföretag som fokuserar på programvaror för akademiska forskare. Vi är av den övertygelsen att en enskild produkt aldrig kan var den enda lösningen för forskaren eller forskarens grupp. Bästa lösningen kommer alltid att vara en kombination av flera produkter. Vi anser att det är viktigt att alltid välja marknadsledande produkter som så långt möjligt är anpassats till rådande industristandard. Vi baserar vår pedagogik på ett vertikalt tänkande som skär tvärs igenom flera olika lösningar. Vi förser våra kunder med välskrivna läroböcker som följs upp med en kvalificerad support. Många års erfarenhet som utbildare har hjälpt oss att förstå hur man undervisar akademiker att använda verktyg som är både komplexa och effektiva.

INNEHÅLL

1. INLEDNING
Välkommen till Allt om NVivo 10

Välkommen till Allt om NVivo 10, som nu är din följeslagare och ditt stöd när du skall använda världens kraftfullaste verktyg för kvalitativ analys. Bakgrunden till att skriva denna bok är att det behövs en kompakt men ändå fullständig beskrivning av alla funktoner i NVivo 10. För dig som är nybörjare finns definitioner av grundbegreppen och hur man lägger upp sitt första NVivo projekt. Vi beskriver hur du importerar och analyserar data och hur du delar med dig av dina insikter. Du kanske redan har experimenterat på egen hand med NVivo utan att riktigt få greppet. Boken innehåller enkla beskrivningar hur du skall göra och hur du skall få det att funka för dig. Att lära sig NVivo påminner om att lära sig Excel. Det är en komplex programvara som kan användas för att fokusera på att lösa många helt olika uppgifter. Det finns inte bara ett rätt sätt att använda NVivo men vi som författarpar har tillsammans en samlad erfarenhet som gör att vi kan dela med oss av de bästa sätten att få ut det mesta av NVivo.

För de mera erfarna användarna har vi skrivit en sammanfattning av de nyaste funktionerna i NVivo 10 som bl a omfattar möjligheten att hämta data från webben och sociala media. Se sidan 18, Nyheter i NVivo 10.

Vilken nivå du än befinner dig på är boken skriven av två författare som kan kombinera teori och praktik på ett sätt så att du hittar både avancerade tekniska lösningar och praktiska tips.

Bengt M. Edhlund
Bengt Edhlund har skrivit ett flertal böcker, inklusive *Allt om NVivo 9*. Bengt är Skandinaviens ledande utbildare inom programvaror för forskarvärlden. Tidigare ingenjör KTH inom telekommunikation har Bengt de senaste tio åren givit ut 7 läroböcker om programvaror som NVivo, EndNote, PubMed och Excel. Samtliga Bengts böcker finns på både svenska och engelska. Bengt har utbildat forskare och doktorander från många delar av världen som t ex Kanada, Sverige, Norge, Kina, Egypten, Uganda och Vietnam. Bengts utbildningsfilosofi har som mål att hjälpa studenterna till framgång genom att erbjuda välskrivna läroböcker, personlig support och snabb problemlösning via Skype eller email.

Allan G. McDougall
Som tidigare elev till Bengt, är Allan en kvalitativ forskare med mångårig erfarenhet av NVivo. Allan har använt NVivo i flera samarbetsprojekt inom sitt forskningsområde som är hälsovården. Medan Bengt känner till allt om NVivos alla funktioner i detalj är

Allan den som bidrar med praktiska tips från sin egen personliga erfarenhet.

Vad är NVivo 10?

NVivo 10 kan arbeta med en mängd olika typer av data som text, bild, audio, video, enkäter och data från webben eller social media.

Vare sig du använder grounded theory, fenomenologi, etnografi, diskursanalys, attitydundersökningar, organisationsstudier eller blandade metoder så behöver du bringa ordning och struktur i ditt material. Vi har har samarbetat med forskare som analyserat hundratals intervjuer och fokusgruppsamtal och även forskare som arbetar med enkäter.

Även om forskare ibland lyckas analysera sina data med papper utan datorhjälp, så är det idag snabbare, enklare, säkrare och betydligt effektivare att använda NVivo för att verifiera idéer och att samarbeta.

Nyckelbegrepp i ett NVivo 10 projekt

Avsiken med detta korta avsnitt är att du skall bli bekant med några av de begrepp och termer nödvändiga för att du skall förstå hur du skall arbeta med NVivo 10. **Källor**, **Noder** och att **koda** är de grundbegrepp som allt kretsar kring. Du kommer att lära dig mera på djupet om dessa begrepp både genom att ta dig igenom kapitlen i denna bok och även genom att att söka i ordlistan i slutet av boken. Detta är ett förenklat diagram över nyckelbegreppen i ett NVivo projekt:

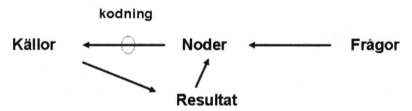

I ett sk NVivo projekt organiseras data i mappar och objekt. Mappar och objekt är virtuella jämfört med motsvarande element i Windows- eller Mac-miljö. NVivos mappar liknar Windows-mappar men särskilda regler har satts upp för hur de skall användas (t ex att bara vissa mappar tillåts att organiseras med undermappar i en hierarki). Objekten motsvarar filer i Windows-miljön, och hanteras i de flesta fall på motsvarande sätt. Objekten kan redigeras, kopieras, klippas ut, klistras in, tas bort, flyttas etc., men de är med vissa undantag alltid inbäddade i sin projektfil.

Källobjekt är data; sådana objekt kan vara dokument (text med eller utan bild), audio, video eller bildfiler, memos eller externa objekt. När data importeras eller länkas till NVivo avspeglas de som objekt i ett NVivo projekt. Objekt som dokument kan även skapas direkt i NVivos ordbehandlare.

Memos är en särkild typ av objekt i ett projekt. Ett memo kan länkas till ett särskilt källobjekt eller en nod. Memos kan också importeras, men vanligtvis skapas de i NVivo. Länkar av olika slag kan skapas mellan olika objekt och även till externa källor utanför NVivo .

En unik egenskap hos NVivo är att visa objekt kan oganiseras hierarkiskt, nämligen noder. Noder är begrepp som skapas under projektets gång för att beteckna egenskaper, fenomen, eller nyckelord som karaktäriser en källa eller en del av en källa. Noder kan även representera mera konkreta delar av ett projekt som t ex detagare i en studie eller geografiska platser. Vi kallar den första typen av noder Tematiska noder och den senare typen Källnoder. Det finns flera typer av noder som t ex toppnoder, undernoder, relationsnoder och matriser.

Att koda kallas det arbete som innebär att ord, meningar, stycken, grafik eller hela objekt associeras med noder. Man kan bara koda sådana objekt som ingår i projektet. En extern källa kan inte kodas men den text som utgör det externa objektet kan kodas.

Sökfrågor kan användas för att finna viss information i projektet. En enkel sökfråga är helt enkelt att öppna en nod. Att utforska mera komplexa sammanhang kan innebära att man kombinerar noder med hjälp av klassisk Boolesk algebra (AND, OR eller NOT osv). Sökfrågor kan sparas för att kunna användas på nytt när ett projekt växer fram. Resultatet av sökfrågor kan också sparas för att skapa nya noder. Sökfrågor kan också ställas upp i matrisform så att vissa noder utgör rader och vissa andra noder utgör kolumner. Då kan t ex innehållet i en cell representera skärningen (AND-operand) mellan en rad och en kolumn.

En översikt som visar hur ett projekt kan skapas och utvecklas:

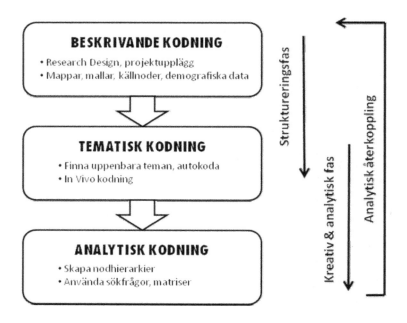

NVivo kan organisera och presentera data så att analys och slutsatser bli säkrare och enklare. Målsättningen kan beskrivas så här:

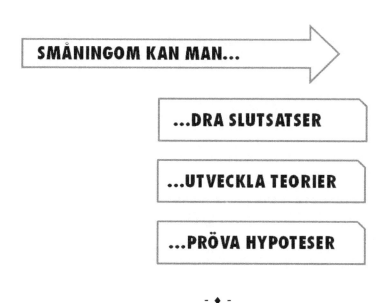

- ◆ -

Bokens upplägg

Boken är upplagd så att vi börjar med systemkraven på programvaran i detta kapitel. I kapitel 2 beskriver vi hur bildskärmens arkitektur är upplagd och om hur du med vissa inställningar kan optimera NVivo. I kapitel 3 förklarar vi hur man skapar, sparar och säkerhetskopierar projektfilen.

Kapitlen 4 - 8 beskriver hur du importerar, skapar och redigerar text, audio, video och bild. Kapitel 9 tar upp hur du skapar memos och länkar. Kapitlen 10 och 11 behandlar själva kärnan i kvalitativ analys: noder, klassifikationer och att koda. Kapitlen 13 och 14 diskuterar hur man ställer sökfrågor, sparar dessa och hur man skapar noder av dess resultat.

Kapitel 15 handlar om NVivo's möjligheter att vara till hjälp vid litteraturöversikter och att hantera om bibliografiska data. Kapitel 16 beskriver den sk Framework-metoden som på ett överskådligt sätt visar utvalda data i en sk Framework-matris. Kapitel 17 visar hur NVivo kan presentera data från enkäter i form av ett Dataset.

Kapitel 18 behandlar de nyaste och mest spännande funktionerna i NVivo 10: att fånga data från webben och sociala media. Kapitlen 19 och 20 bekriver en annan spännande ny funktion: Samarbete med Evernote och OneNote – om du inte känner till dessa programvaror så kommer en kortare introduktion längre fram.

Kapitel 21 har temat hitta och sortera bland dina objekt i NVivo projektet. Kapitel 22 handlar om att använda NVivo i ett lagarbete. Kapitlen 23 och 24 beskriver hur man kan åskådliggöra ett projekt grafiskt genom att använda Models och diagram. Kapitel 25 tar upp olika sätt att skapa Reports.

Slutligen, kapitel 26 handlar om olika hjälpfunktioner som finns i NVivo 10 och kapitel 27 innehåller en ordlista som förklarar de flesta av viktiga ord och termer som förekommer i samband med NVivo.

Grafiska regler för ökad läsbarhet

I denna bok har vi använt några enkla grafiska regler för att göra
materialet mera lättläst och förståeligt.

Exempel	Kommentar
Gå till **Model | Shapes | Change Shape**	Menyflik **Model** och menygrupp **Shapes** och menyalternativ **Change Shape**
Gå till **File → Options**	Huvudmeny och alternativ med **Fetstil**
Högerklicka och välj **New Query → Compound...**	Högerklicka med musen och välj meny och undermeny med **Fetstil**
Välj fliken **Layout**	Alternativa flikar med **Fetstil**
Välj *Advanced Find* från listrutan **Options**	Variabel med **Fetstil**, värdet med *Kursiv*; Rubrik med **Fetstil**, alternativ med *Kursiv*
Bekräfta med [**OK**]	Grafiska knappar med klammer
Använd [**Del**] för att ta bort	Tangent anges med klammer
Skriv `Bibliography` i textrutan	`Courier` för text som skrivs
..`[1-3]` visas i textrutan	`Courier` för text som visas
.. kortkommando [**Ctrl**] + [**Shift**] + [**N**]	Håll nere första och ev. andra tangenten medan den sista anslås

Synpunkter på din installation av NVivo 10

Det är din nuvarande Windows-version som avgör om du skall
installera en 32-bit eller en 64-bit version av NVivo 10. 32-bit
versionen kan installeras på alla versionar av Windows. 64-bit
versionen kan bara installeras om du har en 64-bit version av
Windows 7. Om möjligt rekommenderar vi att använda 64-bit

versionen av NVivo 10 som är snabbare att ladda ner och installera och även har något högre prestanda.

Installationen görs i två steg: Först själva 'installationen' vilken kräver att du anger din licensnyckel och sedan 'aktiveringen' som kräver en kommunikation över internet med QSR. Aktiveringen registerar användardata i QSRs kunddatabas och utgör en licenskontroll.

Skulle du behöva byta dator vid en framtida tidpunkt måste du först avaktivera licensen innan du avinstallerar NVivo på den gamla datorn. Därefter kan du installera NVivo på den nya datorn med din gamla licensnyckel för att sedan åter utföra aktiveringen.

Systemkrav – Minimum

- 1,2 GHz Pentium III-processor eller snabbare (32-bit); 1,4 GHz Pentium 4-processor (64-bit)
- 1 GB RAM eller mer
- 1024 x 768 skärmupplösning eller högre
- Microsoft Windows XP SP2 eller senare
- Cirka 2 GB ledigt hårddiskutrymme

Systemkrav – Rekommenderade

- 2 GHz Pentium 4-processor eller snabbare
- 2 GB RAM eller mer
- 1280 x 1024 skärmupplösning eller högre
- Microsoft Windows XP SP 2 eller senare
  Microsoft Windows Vista SP 1 eller senare
  Microsoft Windows 7
  Microsoft Windows 8
- Cirka 2 GB ledigt hårddiskutrymme
- Internet Explorer 7 eller senare (for NCapture)
- Internet-anslutning

Vi rekommenderar att alltid följa de strängaste kraven även om de sägs vara nödvändiga först vid arbete med riktigt stora projekt.

Systemkrav för Macintosh-datorer

Någon Mac-version av NVivo 10 finns för närvarande inte på marknaden. Emellertid kan NVivo 10 fungera på en Macintosh-dator (Mac). Kravet är att användaren måste installera någon programvara som gör att det går att köra Windows på Mac. Detta kan åstadkommas med en dual-boot programvara som har både Windows och Mac operativ eller om man använder en virtuell programvara som får NVivo att tro att Mac:en körs på ett Windows operativ. Erfarna Macanvändare har kommit fram till att NVivo 10 funkar bäst på någon av dessa tre programvaror: Boot Camp, Parallels och VMware Fusion.

Boot Camp

Boot Camp är en dual-boot utility som har levererats med Mac:ar sedan 2007. Mac användare som skall köra NVivo 10 och Boot Camp måste förvissa sig om att systemkraven för NVivo 10 på Windows uppfylls. Boot Camp möjliggör för Mac-användarna att starta antingen med Mac operativ eller med Windows operativ. Boot Camp är inte så poulär bland alla Mac-användare som vill köra NVivo därför att det kräver omstart mellan operativen. Å andra sidan inkluderas alltid Boot Camp med varje Mac-leverans och den är kostnadsfri att köra.

Parallels & VMware

Parallels och VMware är programvaror som simulerar Windows så att NVivo verkligen uppträder i alla avseenden som i en äkta Windows-miljö. Fördelen är, till skillnad från Boot Camp, att man inte behöver skifta mellan Mac och Windows hela tiden. Å andra sidan ställer Parallels och VMware Fusion (eller liknande produkter) betydligt högre systemkrav. Dessa emuleringsprogram kräver mera minne och mer processorkraft. Kontakta gärna författarna angående frågor om systemkrav så att NVivo 10 kommer att fungera på din dator.

Nyheter i NVivo 10

Du kommer att lära allt om NVivo 10 i denna bok. För de mera erfarna läsarna kan det vara av intresse att redan nu sammanfatta de viktigaste nya funktionerna i NVivo 10:

- Hämta websidor som data (kapitel 18)
- Hämta data från sociala media som Facebook, Twitter och LinkedIn (kapitel 18)
- Integrerad datautbyte med Evernote och OneNote (kapitel 19 & 20)
- Stavningskontroll (sidan 74)
- Flera audio- och video-format (kapitel 7)
- Utskrift med kodlinjer på samma sida (sidan 81)
- Reports inklusive data (kapitel 25)

2. SKÄRMBILDENS UPPBYGGNAD

Detta kapitel handlar om arkitekturen och uppbyggnaden av bildskärmen i NVivo. Denna påminner mycket om Microsoft Outlook.

Bilaga A, Skärmbilden i NVivo (se sidan 341) visar en översikt av NVivo's skärmbild. Vi kommer att använda Område 1, Område 2 osv för att beteckna de olika delfönstren. Ett arbetsmoment börjar ofta i Område 1 genom att välja en navigationsknapp motsvarande en viss grupp av mappar. I Område 2 väljer man sedan den mapp som man behöver för att gå vidare. Då leds du vidare till Område 3 där du väljer ett visst objekt. Efter att ha dubbelklickat på objektet öppnas det i Område 4 där du kan studera dess innehåll.

> **Tips:** Vi föreslår att du öppnar NVivo 10 och experimenterar med de olika fönstren och klickar dig fram. Att leka med olika mappar och objekt är ett bra sätt att lära!

Fortsatt arbete görs med menyflikar (Ribbon menus), kortkommandon eller med menyalternativ som kommer upp när man pekar på en mapp eller ett objekt och högerklickar. En samlad översikt över alla kortkommandon finns i Bilaga B (se sidan 343).

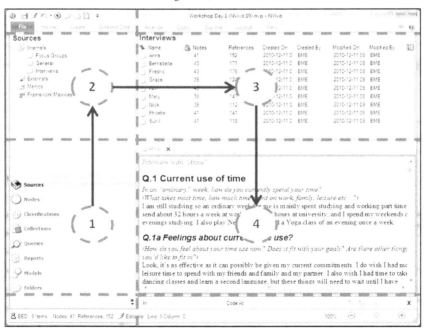

Nedanför de fyra områdena finns finns statusfältet (Status bar). Statusfältet visar information (beroende på var muspekaren står) om antalet objekt i aktuell mapp, antal noder och referenser i aktuell mapp eller radnummer och kolumnnummer för aktuell position av muspekaren.

Område 1 – Navigeringsknapparna

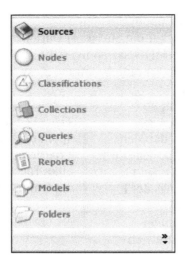

Område 1, navigeringsknapparna, består av 8 knappar. Längs ner till höger finns >> symbolen som innehåller möjlighet att dölja vissa knappar och hur man kan ändra deras inbördes ordningsföljd. Varje knapp leder till visa förvalda mappar i Område 2 och knappen [**Folders**] visar samtliga mappar.

Om någon knapp som du behöver skulle vara tillfälligt dold kan du alltid använda **Home | Workspace | Go** varifrån du kan välja vart du vill gå. Rullgardinsmenyn visar också motsvarande kortkommandon.

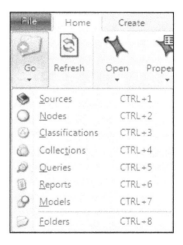

Område 2 – Virtuella utforskaren

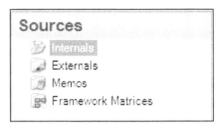

Varje navigationsknapp leder till vissa mappar där relevanta objekt återfinns. Mapparna som är knutna till visa navigationsknappar visas i Område 2, Virtuella utforskaren.

Virtuella sökvägar kallas hierarkiska. Dessa sökvägar skrivs så att dubbla snedstreck skrivs mellan mappar och mellan mapp och objekt och enkelt snedstreck skrivs mellan en toppnod och undernod.

Till exempel:

> **Visste du?** NVivo's mappar kallas *virtuella* till skillnad från vanliga Windowsmappar. Detta beror på att de bara existerar inom NVivo's projektfil. I de flesta fall uppträder *virtuella mappar* på samma sätt som Windowsmappar dvs du kan skapa undermappar, du kan använda drag-och-släpp för att släppa objekt till de därtill avsedda mapparna och även kopiera och klistra in. Vissa mappar är fördefinierade i NVivo's projektmall och kan inte ändras eller tas bort. Undermappar till dessa kan skapas av användaren.

Skapa nya mappar

NVivo innehåller en fast uppsättning mappar som inte kan tas bort eller flyttas. Användaren kan skapa nya undermappar till vissa av dessa. De fasta mapparna är: Internals, Externals, Memos, Framework Matrices, Nodes, Relationships, Node Matrices, Source Classifications, Node Classifications, Relationship Types, Sets, Search Folders, Memo Links, See Also Links, Annotations, Queries, Results, Reports, Extracts och Models:

1 Välj navigeringsknapp i Område 1 och välj sedan en mapp i Område 2 där du vill skapa en ny undermapp.

2 Gå till **Create | Collections | Folder**
   eller högerklicka och välj **New Folder...**
   eller **[Ctrl]** + **[Shift]** + **[N]**.

För varje ny mapp du skapar visas dialogrutan **New Folder**:

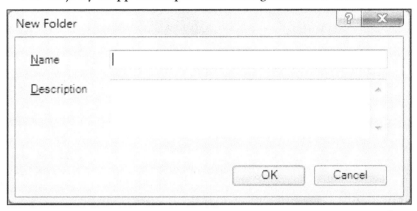

3   Skriv namn (obligatoriskt) och eventuellt beskrivning,
    sedan [**OK**].

Ta bort en mapp

När man tar bort en mapp tar man alltid bort alla dess undermappar
med innehåll (alla objekt i Område 3).

1   Välj den mapp eller de mappar i Område 2 som du vill ta
    bort.
2   Gå till **Home** | **Editing** | **Delete**
    eller högerklicka och välj **Delete**
    eller [**Del**]-tangenten.
3   Bekräfta med [**Yes**].

Område 3 – Objektlistan

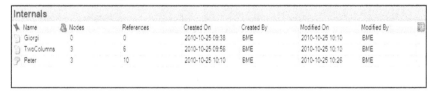

Område 3 liknar en lista med filer i Windows, men NVivo kallar
dessa för objekt (Project Items) i en objektlista. Alla mappar är också
objekt. Alla objekt i mapparna Internals, Externals och Memos eller
dess undermappar är *källobjekt*.

Medan du arbetar med ett projekt kan du komma att behöva
revidera objektlistan när nya objekt skapas, tas bort eller flyttas.
Ibland kan det vara nödvändigt att uppdatera skärmbilden genom
att:

1   Gå till **Home** | **Workspace** | **Refresh**
    eller [**F5**].

Egenskaper - Properties

Alla objekt har vissa karakteristika som kan ändras eller uppdateras genom dialogrutan för egenskaper eller Properties:

1   Välj ett objekt i Område 3 (eller en mapp i Område 2) som du vill ändra eller uppdatera.

2   Gå till **Home | Item | Properties**
    eller **[Ctrl] + [Shift] + [P]**
    eller högerklicka och välj **<Item type> Properties**.

En **<Item type> Properties** dialogruta (i detta fall, **Audio Properties**) visas och kan se ut så här:

Information i textboxar och listrutor i denna dialogruta kan ändras och texten i textboxarna **Name** och **Description** är också sökbara med funktionen **Find**, se kapitel 21, Att söka och sortera objekt. Många erfarna NVivo användare föredrar kortkommandon eftersom det är snabbaste vägen att nå ett objekts beskrivning, en mycket användbar funktion i NVivo som vi kommer att ägna mera tid åt i kapitel 22, Om Teamwork.

Färgkoder

Källobjekt, noder, attributvärden eller användare kan färgmärkas individuellt. NVivo har sju fördefinierade färgkoder. Färgkoder kan vara till stor hjälp för forskaren och kan användas på flera olika sätt. Det kanske vanligaste sättet att använda färgkoder är när en nod skall visas grafiskt med sk kodlinjer (se sidan 168). Färgkoderna visas i objektlistan i Område 3 och kan också återges i Models (se sidan 300).

1   Välj det eller de objekt du vill färgmärka.

2   Gå till **Home | Item | Properties → Color → <select>**
    eller högerklicka och välj **Color → <select>**.

Klassificera ett objekt

Alla källobjekt (utom Framework-matriser) eller noder (utom relationsnoder och nodmatriser) kan be klassificeras och därmed knytas till t ex demografiska data. Detta avhandlas mera i detalj kapitel 11, Klassifikationer, men tills vidare tar vi upp hur man arbetar med klassifikationer av objekt i Område 3, Objektlistan.

1 Välj det eller de objekt som du vill klassificera.

2 Gå till **Home | Item | Properties → Classification → \<select\>**
   eller högerklicka och välj **Classification → \<select\>**.

Visa objektlistan

Visningsalternativ av objektlistan för källobjekt är i utgångsläget det som visas som första bilden i detta avsnitt. Men det finns tre andra sätt att visa denna lista: *Small, Medium* och *Large Thumbnails.*

1 Peka på tom plats i Område 3.

2 Gå till **View | List View | List View → \<select\>**.

Resultatet när man valt *Large Thumbnails* kan se ut så här:

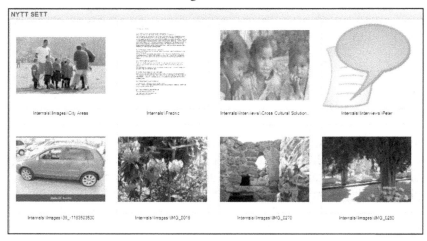

Sortering av objektlistan

Det finns flera sätt att sortera objektlistan i Område 3.

1 Peka på tom plats i Område 3.
2 Gå till **Layout | Sort & Filter | Sort by → <select>**.

Man kan också sortera noder i objektlistan helt efter egna önskemål:

1 Gå till **Layout | Sort & Filter | Sort by → Custom**.
2 Välj den eller de noder som du vill flytta
3 Gå till **Layout | Rows & Columns | Move Up ([Ctrl] + [Shift] + [U])**
alternativt
3 Gå till **Layout | Rows & Columns | Move Down ([Ctrl] + [Shift] + [D])**.

Din egen sortering kommer att sparas så att du vid senare tillfälle kan ta fram den genom att gå till **Layout | Sort & Filter | Sort by → Custom**.

Kolumninställningar för objektlistan

Du kan välja vilka kolumner som skall visas i objektlistan. Dialogrutan **Customize Current View** gör det möjligt att ta bort vissa kolumner eller lägga till andra.

1 Peka på tom plats i Område 3.
2 Gå till **View | List View | List View → Customize...**
alternativt
2 Högerklicka och välj **List View → Customize...**

> **Tips:** Vissa videoklipp börjar med en svart ruta vilket innebär att objektlistan med miniatyrer också blir en svart ruta. Miniatyrer för videoklipp kan emellertid visa den filmruta som du själv bestämmer.
>
> 1 Dra spelhuvudet till den ruta som du vill visa.
> 2 Klicka i bildrutan.
> 3 Gå till **Media | Selection | Assign Frame as Thumbnail**.
>
> Den valda filmrutan visas som miniatyr i objektlistan och även när man använder fliken Video för en nod som kodar ett videoklipp.

Skriva ut objektlistan

Att skriva ut objektlistan kan vara till stor nytta vid diskussioner i en projektgrupp:

1. Gå till **File → Print → Print List...**
   eller högerklicka och välj **Print → Print List...**
2. Välj skrivare och inställningar, sedan **[OK]**.

Exportera objektlistan

Att exportera objektlistan som en Excel-fil eller ett textdokument är också möjligt:

1. Gå till **External Data | Export | Export → Export List...**
   eller högerklicka och välj **Export → Export List...**
2. Välj lagringsplats, filtyp och filnamn, sedan **[OK]**.

Ta bort ett objekt

Du kan enkelt ta bort objekt från listan i Område 3. När du tar bort en toppnod tar du också bort alla dess undernoder. På samma sätt tar man bort alla Attribut när man tar bort en Klassifikation.

1. Välj aktuell navigationsknapp i Område 1.
2. Välj aktuell mapp i Område 2 eller dess undermapp.
3. Välj den eller de objekt i Område 3 som du vill ta bort.
4. Gå till **Home | Editing | Delete**
   eller högerklicka och välj **Delete**
   eller **[Del]** -tangenten.
5. Bekräfta med **[Yes]**.

Område 4 - Detaljerna

Interview with "Anna"

Q.1 Current use of time

In an "ordinary" week, how do you currently spend your time?
(What takes most time, how much time spent on work, family, leisure etc...?)
I am still studying so an ordinary week for me is mainly spent studying and working part time. I send about 32 hours a week at work, 6 contact hours at university, and I spend my weekends and evenings studying. I also play Netball and attend a Yoga class of an evening once a week.

Q.1a Feelings about current time use?

(How do you feel about your time use now? Does it fit with your goals? Are there other things you'd like to fit in?)

Visste du att? Read Only (skrivskydd) betyder inte att objektet är *låst* för fortsatt arbete. Du kan koda och skapa länkar (men inte hyperlänkar) i ett skrivskyddat objekt.

Denna bild är exempel på ett öppet objekt av typen dokument. I Område 4 kan på motsvarande sätt öppnas audio-, video-, bild-objekt eller memos och noder.

Varje gång ett källobjekt öppnas är det skrivskyddat. Objekten kan göras skrivbara genom 'Click to edit' länken överst i fönstret. Alternativt, gå till **Home | Item | Edit** eller **[Ctrl]** + **[E]** som är en pendelfunktion.

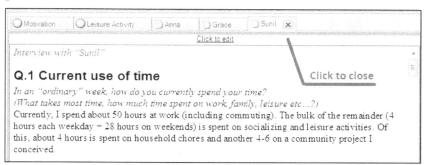

Varje objekt har sin egen flik när flera objekt är öppna samtidigt. Som standardinställning är det öppna objektet låst (docked) i Område 4. Du kan göra ett sådant fönster flytande (undocked), maximera dess storlek så att objektet utnyttjar hela skärmbilden:

1 Gå till **View | Window | Docked**.

Ett flytande fönster kan låsas igen:

1 Välj det flytande objektet.

2 Gå till **View | Window | Docked**.

Att göra fönster flytande fungerar bara under pågående arbetspass; när du på nytt öppnar ett projekt är alla objektfönster stängda. Men du kan gå till **File → Options** och i dialogrutan **Application Options** väljer du fliken **Display**, och vid avsnittet Detail View Defaults, Window, väljer du *Floating* (see page 39) och då kommer alltid objekten öppnas flytande.

Tips: När du har flera objekt öppna, kan du göra alla flytande i var sitt fönster:

1 Gå till **View | Workspace | Undock All**.

Motsatsen är när du önskar låsa alla flytande fönster. Klicka först utanför dessa fönster:

1 Gå till **View | Workspace | Dock All**.

Ett låst fönster stängs genom att klicka på x till höger på fliken och alla fönster kan stängas samtidigt genom:

1 Gå till **View | Workspace | Close All**.

Kopiera, klippa ut och klistra in

Vanliga regler för kopiera, klippa ut och klistra in gäller för NVivo. Dessutom kan NVivo kopiera, klippa ut och klistra in hela objekt som dokument, memos, noder osv. Det är bara möjligt att klistra in ett objekt i en mapp som är avsedd för viss objekttyp, dvs en nod kan bara klistras in i en nodmapp och en sökfråga kan bara klistras in i en folder för sökfrågor.

Klippa ut och klistra in går till så här:

1 Välj ett objekt (dokument, nod osv.)

2 Gå till **Home** | **Clipboard** | **Cut**
eller högerklicka och välj **Cut**
eller **[Ctrl]** + **[X]**.

alternativt

2 Gå till **Home** | **Clipboard** | **Copy**
eller högerklicka och välj **Copy**
eller **[Ctrl]** + **[C]**.

3 Välj den nya mappen eller närmaste toppnod under vilken du vill placera objektet.

4 Gå till **Home** | **Clipboard** | **Paste** → **Paste**
eller högerklicka och välj **Paste**
eller **[Ctrl]** + **[V]**.

Klistra in special

Vanligt **Paste** kommando omfattar alla dess ingående element. Men när du har kopierat eller klippt ut vissa objekt (dock ej noder) kan du bestämma vilka element från objektet du önskar klista in:

1 Kopiera eller klipp ut det objekt du vill klistra in på ny plats.

2 Välj målmapp.

3 Gå till **Home** | **Clipboard** | **Paste** → **Paste Special...**

Dialogrutan **Paste Special Options** visas:

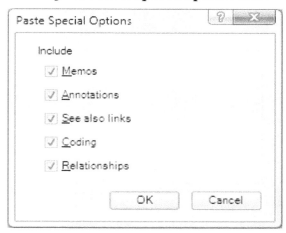

4   Välj de element som du vill inkludera. Ytterligare alternativ
    visas för vissa andra typer av källobjekt: *Media content* och
    Transcript visas för video- och audio-objektoch *Log entries*
    visas för bild-objekt.
5   Bekräfta med [**OK**].

Skapa Sets

Sets definieras som en delmängd av objekt i ett projekt. Ett visst Set
lagras i den befintliga mappen **Sets** med en egen definierad
undermapp som bär namnet på ditt Set. Avsikten med Sets är att
snabbt och enkelt kunna nå dessa objekt genom att utnyttja s.k.
genvägar .

1   Gå till [**Folders**] eller [**Collections**] i Område 1.
2   Välj mappen **Sets** i Område 2.
3   Gå till **Create | Collections | Sets**
    eller högerklicka och väkj **New Set...**
    eller [**Ctrl**] + [**Shift**] + [**N**].

Dialogruta **New Set** visas:

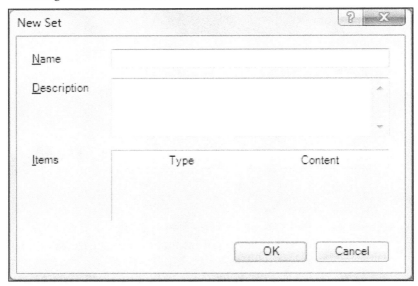

4 Skriv namn (obligatoriskt) och eventuellt en beskrivning, sedan [**OK**].

Nästa steg är att välja medlemmar i ditt nya Set:

1 Välj det eller de objekt som du önskar ingå i ditt nya Set.
2 Gå till **Create | Collections | Add To Set** eller högerklicka och välj **Add To Set...**

Dialogruta **Select Set** visas:

3 Välj ett Set och bekräfta med [**OK**].

Du kan också välja objekt eller genvägar från andra mappar, kopiera dem och klistra in dem i ett Set. När man använder **Find**, **Advanced Find**, eller **Grouped Find** kan resultatet enkelt läggas in i ett Set. Sets kan också användas som ett alternativ till att lagra resultat i en undermapp till **Search Folders**:

1 Välj det eller de objekt du vill skall ingå i ett Set.
2 Gå till **Create | Collections | Create As Set**.

Dialogrutan **New Set** visas.

3 Namnge ditt nya Set.
4 Bekräfta med [**OK**].

Sets: Sets är en effektivt sätt att organisera objekten i NVivo. Huvudsyftet är att kunna tillfälligt eller permanent gruppera de olika objekten.

Låt oss anta att 20 doktorander inom sociologi sysslar med ett projekt med intervjuer, fokusgruppdiskussioner, diverse noteringar och data från sociala media. Vi kan organisera data med avseende på olika typer av källor (t ex en mapp för intervjuer, en för fokusgrupper etc.) eller vi kan ordna data enligt vilken doktorand (t ex en mapp för Doktorand 1, en mapp för Doktorand 2, etc.) som arbetar med materialet. Varje metod har sina fördelar men Sets gör det möjligt att både organisera data efter typ av källa och samtidigt skapa Sets med avseende på vilken medlem (doktorand) som ansvarar för materialet. Allt eftersom arbetet fortskrider kan enkelt fler och fler Sets skapas.

Ångra

Ångra-funktionen (Undo) kan göras i flera steg bakåt. Detta fungerar bara för kommandon som gjorts efter senaste spara-kommandot:

1 Gå till **Undo** på **Quick Access Toolbar**
   eller [**Ctrl**] + [**Z**].

Pilen intill undo-ikonen gör det möjligt att välja vilken av dina senaste fem kommandon du vill ångra. När du väljer det första på listan ångras bara ditt senaste kommando och när du väljer det sista på listan ångras alla de senaste kommandona..

Alternativet **Redo** (Undo – Undo) finns i Word men inte i NVivo.

Menyflikarna (The Ribbons)

NVivos kommandon är organiserade i logiska grupper eller menyflikar. Varje flik representerar en viss grupp av aktiviteter som t ex att skapa nya objekt eller att analysera materialet.

Menyflikarna **Home, Create, External Data, Analyze, Query, Explore, Layout** och **View** är alltid synliga. Övriga menyflikar är beroende av sammanhanget, dvs de visas bara när de behövs. T ex meny fliken **Picture** visas bara när ett bildobjekt öppnats.

Inom varje menyflik ordnas kommandona i grupper. T ex gruppen **Format** finns under menyfliken **Home** och innehåller kommandon för typsnitt, storlek, fetstil, kursiv och understrykning.

Menyflikarna är optimerade för en skärmupplösning av 1280 x 1024 pixlar, när NVivo är maximerad på din bildskärm. När Nvivo inte är maximerad och menyflikarna är mindre kan du inte alltid se alla menyer och all text.

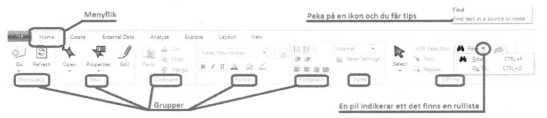

Den verktygsrad som kallas **Quick Access Toolbar** är alltid synlig och innebär en snabb åtkomst till de kommandon som ofta används. Standard kommandon är på denna verktygsrad är Spara (Save), Redigera (Edit) och Ångra (Undo). Du kan anpassa verktygsraden genom att lägga till eller ta bort kommandon. Du kan också flytta verktygsraden till att ligga över eller under menyflikarna genom att klicka på den lilla pilen:

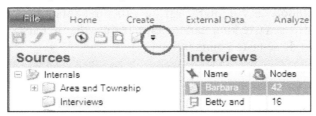

Välj alternativen *Show Above the Ribbon* eller *Minimize the Ribbon*. Menyflikarna visas igen så snart du pekar på ett menyalternativ.

Menyfliken **Home** har kommandon som har att göra med formatering (t ex styckemallar) och standariserade arbetsmoment (t ex klippa och klistra in) och stavningskontroll:

Menyfliken **Create** har kommandon som kan skapa nya objekt (t ex skapa nya noder):

Menyfliken **External Data** har kommandon som kan importera och exportera objekt:

Menyfliken **Analyze** har kommandon som utför kodning, skapar länkar och hanterar Framework-matriser:

Menyfliken **Query** har kommandon som har att göra med sökfrågor och att finna objekt.

Menyfliken **Explore** har att göra med grafisk representation av data.

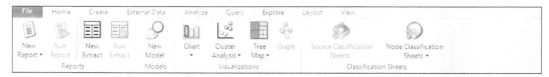

Menyfliken **Layout** har kommandon som har att göra med objektlistan och tabeller:

Menyfliken **View** har kommandon som har att göra med visuella aspekter på presentationen (t ex flytande fönster och kodlinjer):

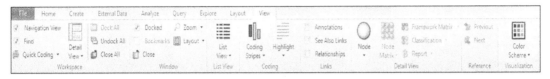

- ◆ -

Följande menyflikar är beroende av sammanhanget, vilket innebär att de visas endast när en viss typ av objekt öppnas.

Menyfliken **Media** visas när video- eller audio-objekt öppnas:

Menyfliken **Picture** innehåller kommandon för att hantera bild-objekt:

Menyfliken **Report** innehåller kommandon som används av Report Designer:

Menyfliken **Chart** har kommandon som kan hantera och modifiera grafik:

Menyfliken **Model** har kommandon som hanterar Models:

Menyfliken **Cluster Analysis** har kommandon som hanterar och formaterar vid klusteranalys:

Menyfliken **Tree Map** har kommandon som hanterar Tree Maps:

Menyfliken **Word Tree** har kommandon som hanterar Word Trees:

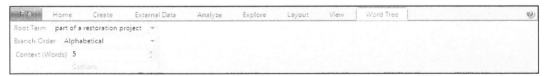

Menyfliken **Graph** har kommandon som hanterar grafer:

Instruktionerna i denna bok använder vissa regler för att återge ett särskilt kommando för menyflikar. Se avdelningen Grafiska regler, sidan 16.

Alternativa inställningar

Diverse inställningar kan göras speciellt för ett visst projekt eller för NVivo generellt. Generella inställningar görs vid **Application Options** och vissa av dessa får genomslag först för kommande, nya projekt. Detta innbär att sådana inställningar kommer att återfinnas i **Project Properties** (see page 51) för nya projekt. Men nu till Application Options:

1 Utgå från NVivo öppningsbild eller i ett öppet projekt gå till **File → Options**.

> **Tips:** 'Display plain text for Nodes with <value> or more sources' ger bättre prestanda för stora projekt. För att återskapa källans formatering gå till **View | Detail View | Node → Rich Text**.

Fliken General

Fliken **General** innehåller standardinställningar vid arbete med NVivo som språk och sammanhang vid kodning.

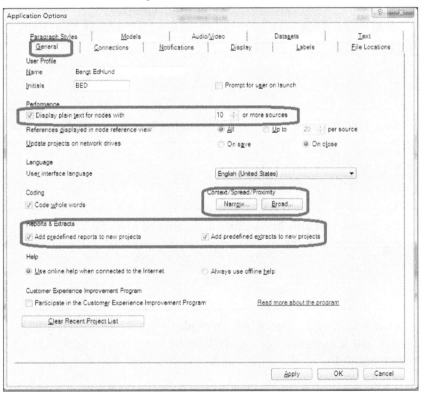

Dessa inställningar får omedelbar inverkan och kommer att gälla för nya projekt. Här kan man också ändra programvarans kommandospråk.

Knapparna [**Narrow...**] och [**Broad...**] definerar principerna som gäller vid context/spread/proximity när man gör sökfrågor och analyserar noder. Varje källtyp har sin egen inställning.

Om du önskar ärva fördefinierade Reports och Exracts skall detta ställas in här.

Fliken Connections

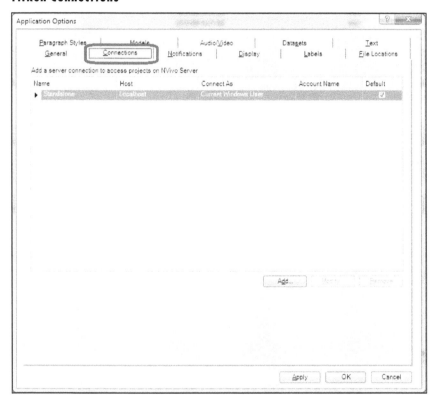

Fliken **Connections** innehåller inställningar som har att göra med NVivo Server – en separat programmodul från QSR (se sidan 295).

Tips: Varför riskera att förlora värdefullt arbete? Vi föreslår att ställa in påminnelsen om att spara var 10:e minut i stället för var 15:e.

Fliken Notifications

Fliken **Notifications** innehåller inställningar för att påminna om att spara och när man önskar uppmaning att uppgradera.

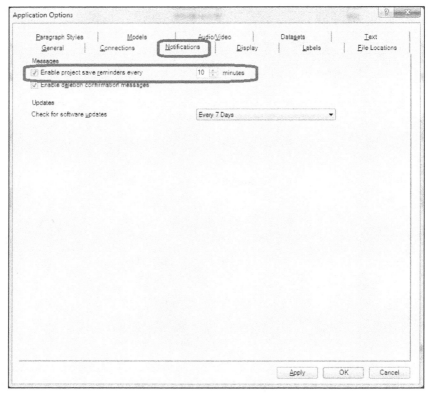

Alla inställningar under deanna flik får omedelbar inverkan på pågående projekt.

Fliken Display

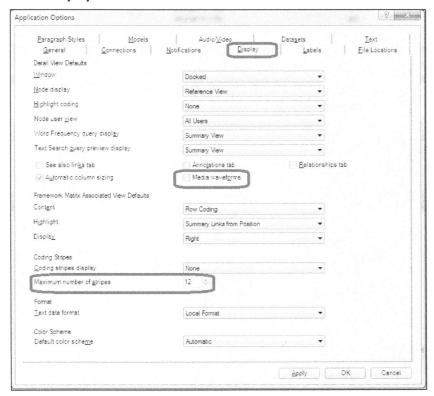

Fliken Display innehåller inställningar för hur flera olika vyer skall visas i NVivo som t ex kodlinjer, markeringar och annat.

Vi föreslår att avmarkera visningen av ljudkurvan (Media waveform) eftersom den ofta stör annan grafisk information som kodlinjer, länkar och markeringar.

Vi föreslår också att öka maximala antalet kodlinjer till något över standardinställningen som är 7. Antalet kodlinjer kan dock ej överskrida 200.

Om du önskar att alltid öppna fönstret i Område 4 flytande så ställer du in Detail View Defaults som Window *Floating*. Detta gör dock NVivo något långsammare.

För inställningar som har att göra med Framework-matriser, se sidan 233.

Alla inställningar under denna flik får omedelbar inverkan på ditt pågående projekt.

Fliken Labels

Fliken **Labels** möjliggör att ändra namnet på visa attributvärden och namnet på Relationship type 'Associated'.

Ändringar som görs här får genomslag nästa gång ett nytt projekt skapas. Vill du ändra inställningar i ett pågående projekt kan du i stället använda fliken **Labels** i dialogrutan **Project Properties** (se sidan 52).

Fliken File Locations

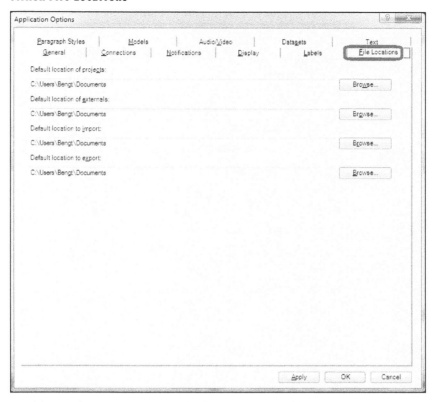

Fliken **File Locations** innehåller sökvägar till nya projekt, externa källor och för importerade och exporterade objekt och data.

Sökvägarna kan givetvis ändras och alla inställningar under denna flik får omedelbar effekt.

Fliken Paragraph Styles

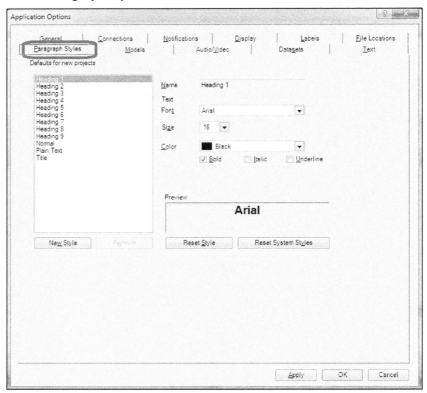

Fliken **Paragraph Styles** innehåller inställningar för olika formateringar för NVivo (se sidan 72). Ändringar som görs här får genomslag nästa gång ett nytt projekt skapas. Vill du ändra inställningar i ett pågående projekt kan du i stället använda fliken **Paragraph Styles** i dialogrutan **Project Properties** (se sidan 55).

Fliken Model Styles

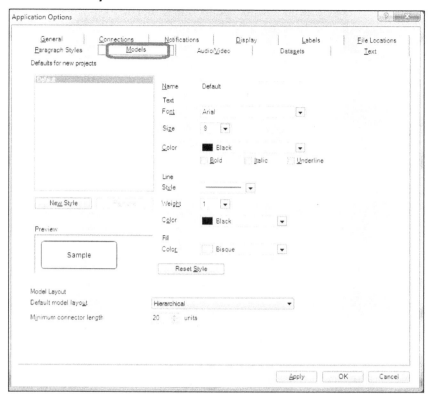

Fliken **Model Styles** gör det möjligt att definiera typsnitt, linjetjocklek, utseende, linjefärg och fyllnadsfärg för de grafiska figurerna. Du kan skapa en uppsättning mallar med knappen [**New Style**]. Ändringar som görs här får effekt vid nästa nya projekt. Vill du ändra i pågående projekt skall du i stället välja fliken **Model Styles** i dialogrutan **Project Properties** (se sidan 56).

Fliken Audio/Video

Fliken **Audio/Video** innehåller inställningar för skip-intervallet för framåt och bakåt. Inställning av tröskelvärdet för inbäddning görs också här. Dessa inställningar har omedelbar verkan. Här kan du också skapa egna kolumner för dia skrivrader för audio- och video-objekt. Dessa kolumner ärvs först vid nästa nya projekt. Om du vill skapa nya kolumner i pågående projekt gå till fliken **Audio/Video** i dialogrutan **Project Properties** (se sidan 57).

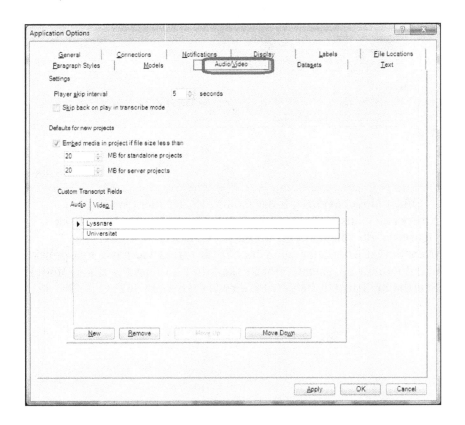

Fliken Datasets

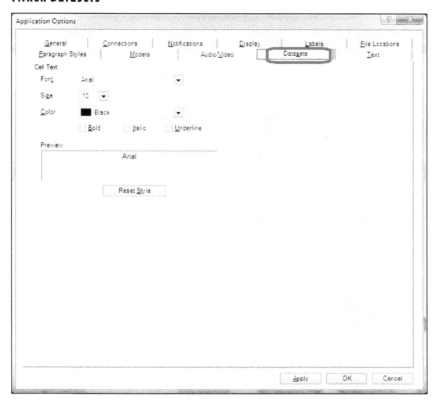

Fliken **Datasets** gör det möjligt att ändra typsnitt, storlek och färg för texten i en cell. Ändringar som görs här får genomslag omedelbart i pågående projekt när nästa Dataset öppnas och när nästa projekt öppnas.

Fliken Text

Fliken **Text** gör det möjligt att ändra språk för ditt data och den stavningskontroll du vill använda. Språkinställningen påverkar inte pågående projekt utan blir standard nästa gång ett projekt skapas. Vill du byta språk för pågående projekt skall du i stället använda fliken **General** i dialogrutan **Project Properties** (se sidan 51).

De språk som för närvande stöds är: kinesiska (PRC), engelska (UK), engelska (US), franska, tyska, japanska, portugisiska och spanska. Om du använder annat språk än dessa kan du ställa in språket på *Other*.

Knappen [**Custom Dictionaries...**] kan användas för att definiera en mapp för varje språk för vilket du vill skapa en egen ordlista, som kan heta <**filename**>.**DIC**. En sådan ordlista är en vanlig textfil som kan öppnas och redigeras med Anteckningar. Om du redan har en egen ordlista från förr kan du ändra dess namn till <**filename**>.**DIC** och lagra den i den för ändamålet definierade mappen. Även språkinställningen *Other* kan ha sin egen ordlista.

Alternativa skärmbilder

Att ha skärmbilden uppdelad i fyra fönster kan ibland vara lite rörigt. NVivo har därför en möjlighet att ändra utseendet så att man delar skämen vertikalt i stället för horisontellt mellan Område 3 och Område 4.

1   Gå till **View | Workspace | Detail View → Right**.

Detail View Right är väldigt praktiskt när man kodar med drag-och-släpp (se sidan 154).

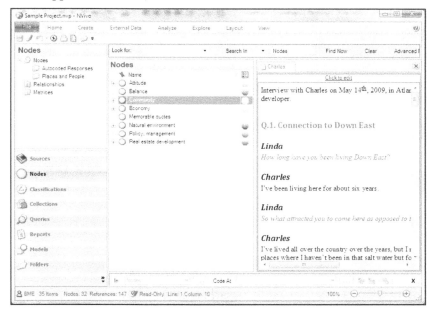

För att återgå till horisontell delning:

1   Gå till **View | Workspace | Detail View → Bottom**.

Nytt för NVivo 10 är att inställningen för **Detail View** sparas och gäller för alla projekt till man ändrar igen .

För att få mera utrymme på skärmen kan man också tillfälligt stänga Områdena 1 och 2.

1   Gå till **View | Workspace → Navigation View** eller **[Alt] + [F1]**, som är en pendelfunktion.

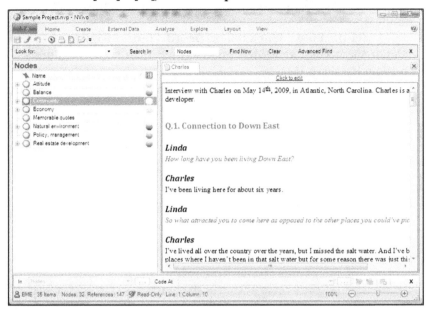

Denna inställning sparas under pågående arbetspass även om du öppnar ett annat projekt. Medan Område 1 och 2 är stängda kan du använda följande kommandon för att välja funktion:

Home | Workspace | Go key → <select> eller **[Ctrl] + [1 - 8]**.

3. ATT STARTA ETT PROJEKT

Ett NVivo projekt är en term som används för alla källobjekt och andra objekt som tillsammans utgör en kvalitativ studie. Ett NVivo-projekt är också en fil som innesluter alla dessa objekt.

NVivo kan bara öppna och arbeta med ett projekt i taget. Det är dock möjligt att starta programmet två gånger och öppna ett projekt i vardera programfönstret. Kopiera, klippa ut och klistra in mellan två sådana programfönster är begränsat till text, grafik och bild och inte hela objekt som t ex källobjekt eller noder.

Ett projekt byggs upp av många objekt med olika egenskaper. Det finns interna källor (t ex dokument, memos), externa källor (t ex webbsajter), noder och sökfrågor.

Att skapa ett nytt projekt

Startbilden öppnas varje gång du öppnar NVivo, och du kan här välja att skapa ett nytt projekt:

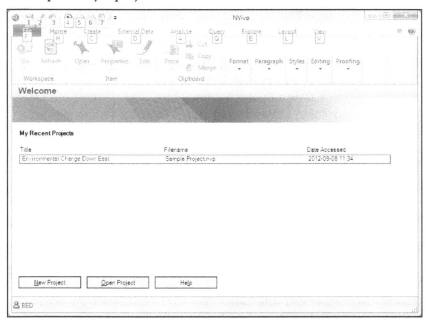

Dina nyligen använda projekt står på listan på startsidan. Knappen [**New Project**] används för att skapa ett nytt projekt. Du kan också skapa ett nytt projekt när ett annat projekt är öppet:

1 Gå till **File → New**
   eller [**Ctrl**] + [**N**]

eller ikonen ⌗ ✎ 🔄 ⬜ 🗐 ▾ på Quick Access Toolbar.

Dialogrutan New **Project** visas:

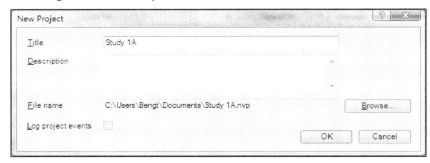

Du måste ge projektet ett namn medan uppgiften vid Description
är frivillig. Sökvägen till din projektfil kan läsas vid File name.
Klicka på [**Browse**]-knappen för att välja annan lagringsplats för
projektfilen. Sökvägen bestäms först av inställningen vid fliken **File
Locations** i dialogrutan **Application Options** (se sidan 41).
Projektnamnet kan ändras senare utan att ändra filnamnet. Öppna
NVivo projekt kommer att stängas när NVivo skapar ett nytt eller
öppnar ett existerande projekt.

Interna och externa källor och projektstorlekar

NVivo kan importera en mängd olika filtyper och skapa objekt av
dessa (t ex text källor, tabeller, bilder, audio, video, PDF:er etc.) Med
ett gemensamt namn kallas dessa källor (*Sources*). Vi kommer att
diskutera källor flera gånger i de kommande kapitlen. För
innevarande resonemang är det viktigt att du förstår att du antingen
kan *importera* källor till NVivo eller skapa en *extern länk* till
projektet.

Filer som importeras bäddas in i projektfilen, och blir då en del av
projektet. Dessa kallas då *Interna källobjekt.* Till exempel varje
ändring du gör i ett källobjekt avspeglas inte i originaldokumentet
(t ex ett Microsoft Word dokument).

Filer som länkas till NVivo refereras med länkar och det betyder
att de existerar oberoende av NVivo. En sådan länk definieras av ett
Externt källobjekt som innehåller själva länken till den externa
källan och viss information om den. Externa källor kan inte kodas
men bara det externa källobjektet, dvs den text som existerar i
NVivo.

Audio- eller videofiler är lite speciella eftersom de kan antingen
bäddas in eller fortsätta att lagras utanför NVivo. Om dessa filer
lagas externt kan de ändå hanteras på samma sätt som de inbäddade,
dvs länkas, kodas, editeras. Därför kallas även de icke inbäddade
audio- och video-filerna ändå *Interna källobjekt.* Det är storleken på
en sådan fil som avgör om den bäddas in eller ej. Ett tröskelvärde,

som användaren kan bestämma, avgör. Tröskelvärdet kan t ex vara 40MB och objekt som importeras blir antingen inbäddade eller ej beroende på filstorleken och du som användare kan arbeta på samma sätt med dessa vare sig de är inbäddade eller ej (se vidare sidan 94).

Storleken på ett NVivo 10 projekt kan vara maximalt 10 GB. Tänk då på att stora filer (t ex audio- och videofiler) kan lagras utanför projektfilen. Att låta sådana filer lagras utanför projektfilen håller storleken på rimlig nivå. Om man använder NVivo Server (se kapitel 22, Om Teamwork) kan man ha betydligt större projektfiler - upp till 100 GB.

Project Properties

När ett nytt projekt skapas ärvs vissa inställningar från dialogrutan **Application Options** som öppnas genom att gå till **File → Options**. De inställningar som ärvs finns under följande flikar: **Labels**, **Paragraph Styles**, **Model Styles**, **Audio/Video** och **Text**. Ändringar och mallar som görs i dialogrutan **Project Properties** gäller bara det pågående projektet:

1   Gå till **File → Info → Project Properties**.

Fliken General

Här kan man ändra projektnamnet men inte filnamnet. På listrutan vid **Text content language** kan du välja det språk som ditt data har. Finns inte ditt språk på listan, använd *English* eller *Other*. Det valda språket används för stavningskontroll och utgör viktig inställning vid Text Search Queries och Word Frequency Queries. För alla språk utom *Other*

Tip: Din stoppordlista kan redigeras med knappen [**Stop Words**]. Tänk på att din egen lista bara gäller pågående projekt.

finns en inbyggd stoppordlista. Denna lista kan redigeras genom att använda knappen [**Stop Words**] eller när man senare använder Word Frequency Queries (se kapitel 13, Sökfrågor). Redigerade stoppordlistor gäller bara pågående projekt. Även när du använder språkinställningen *Other* kan du skapa en egen stoppordlista.

Rutan Description (max 512 tecken) kan ändras.

Write user actions to project event log är ett tillval. När den är aktiverad kan du öppna händelseloggen med:

File → Info → Open Project Event Log

eller ta bort den med:

File → Info → Clear Project Event Log

Fliken Labels

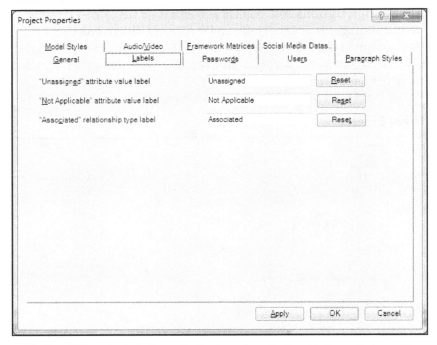

Under fliken **Labels** kan du ändra vissa fasta attributvärden eller 'labels'. Knappen [**Reset**] återställer till de värden som definierats vid fliken **Labels** i dialogrutan **Application Options** (se sidan 40).

Fliken Passwords

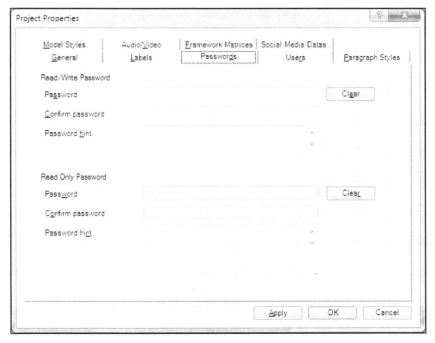

Vid fliken **Passwords** kan du definiera separata lösenord för att öppna eller redigera det aktuella projektet.

Fliken Users

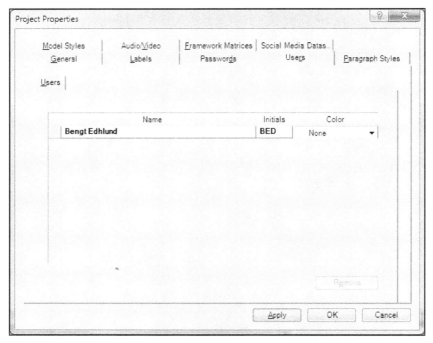

Alla som har arbetat i ett projekt finns på denna lista. Den för tillfället inloggade användaren återges med fetstil. Du kan ersätta en användare med en annan genom att markera den användare som skall ersättas (markeringen visas som en liten triangel) och sedan använda [**Remove**]-knappen. Välj sedan i listan vilken användare som är ersättare.

Användare kan också få egna färgmarkeringar. Använd listrutan i kolumnen Color och välj sedan färg. Denna färgmarkering kan användas t ex när man visa kodlinjer per användare.

Fliken Paragraph Styles

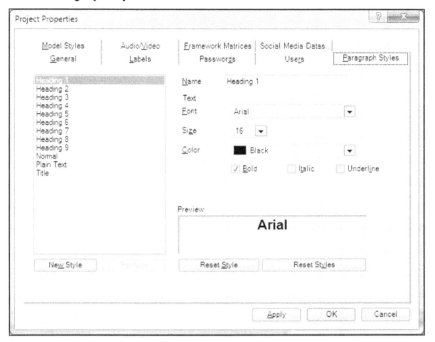

Fliken **Paragraph Styles** kan användas för att skapa nya mallar, som endast gäller pågående projekt. Knappen [**Reset Styles**] återställer till de inställningar som gjorts vid fliken **Paragraph Styles** i dialogrutan **Application Options** (se sidan 42).

Fliken Model Styles

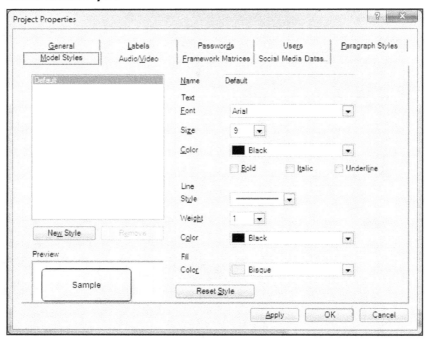

När ett nytt projekt skapas kommer NVivo att innehålla de mallar
som definierats vid fliken **Model Styles** i dialogrutan **Application
Options** (se sidan 43). Fliken **Model Styles** i dialogrutan **Project
Propertieses** kan användas för att skapa nya mallar, som endast
gäller pågående projekt Knappen [**Reset Style**] återställer till de
inställningar som gjorts vid fliken **Model Styles** i dialogrutan
Application Options.

Fliken Audio/Video

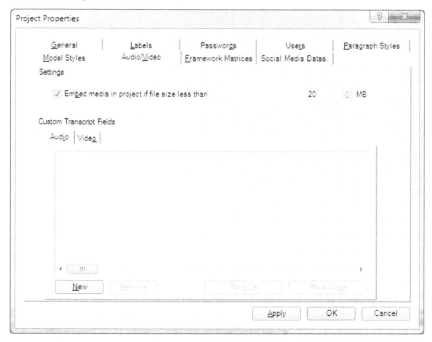

Inställningarna ärvs från fliken **Audio/Video** i dialogrutan **Application Options** (se sidan 44). Ändringar som görs här påverkar bara pågående projekt.

När du behöver skapa egna kolumner (Custom Transcript Fields) till dina skrivrader i pågående projekt kan du använda denna dialogruta. Med knappen [**New**] kan du definiera flera kolumner som t ex Talare, Organisation och tänk på att det är separata kolumner för Audio och Video.

Fliken Framework Matrices

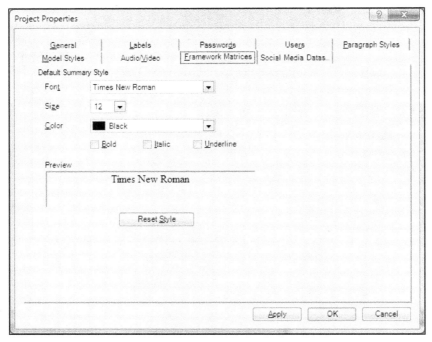

För nya projekt ärvs inställningen av formatmall Normal från fliken **Paragraph Style** i dialogrutan **Application Options** (se sidan 42). Ändringar som du gör här påverkar bara Framework-matriser i pågående projekt.

Fliken Social Media Dataset

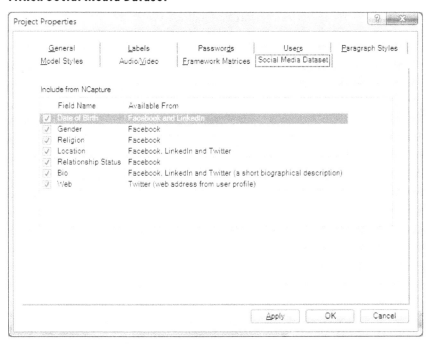

Detta är nytt för NVivo 10: Datasets från sociala media kan importeras via NCapture. För närvande kan data från Facebook, Twitter och LinkedIn fångas in med NCpature. I denna flik kan du välja eller välja bort vilken typ av data du önskar importera från de olika sociala media.

Sammanfoga projekt

För att sammanfoga två projekt öppnar man först ett projekt och sedan importerar man det andra:

1. Öppna det projekt till vilket du skall importera det andra.
2. Gå till **External Data | Import | Project**.

Dialogrutan **Import Project** visas:

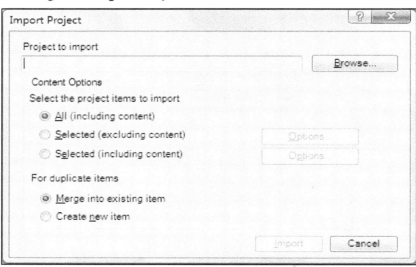

3. Använd [**Browse...**] -knappen för att söka den projketfil som skall importeras.
4. Välj de alternativ du önskar skall gälla.
5. Bekräfta med [**Import**].

En **Import Project Report** skapas som visar en lista på alla objekt som importerats.

> **Tips:** Om man inte använder NVivo Server, är sammanfogning av projekt mycket användbart när flera personer arbetar i samma studie. Användarna kan individuellt göra ändringar för att senare importera dessa till en 'master' fil.

Exportera data från ett projekt

Hela eller utvalda objekt i ett projekt kan exporteras som en en projktfil:

1. Öppna ett projekt.
2. Gå till **External Data | Export | Export → Project**.

Dialogrutan **Export Project Data** visas:

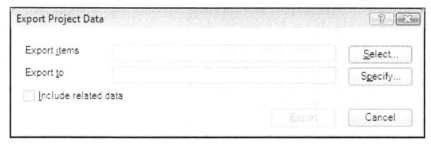

Vid **Export items** och knappen [**Select**] väljer man från dialogrutan **Select Project Items** vilken eller vilka objekt som skall ingå i den exporterade projektfilen. Vid **Export to** och knappen [**Specify**] väljer man namn och lagringsplats för projektfilen. När man väljer 'Include related data' exporteras även Annotations, See Also-länkar och annan relevant data.

Exportera enskilda objekt

Alla objekt (utom mappar) kan exporteras i flera olika filformat:

1   Välj det eller de objekt du vill exportera, t ex två noder.
2   Gå till **External Data | Export | Export → Export Node...**
    eller högerklicka och välj **Export → Export Node...**
    eller [**Ctrl**] + [**Shift**] + [**E**].

Dialogrutan **Export Options** visas:

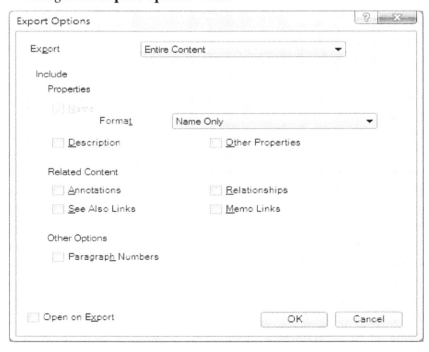

3   Välj alternativ, lagringsplats, filtyp och filnamn, sedan [**OK**].

Alternativet *Entire Content* innebär att en HTML-sida skapas med ett paket av flera mappar och filer som kommer att utgöra en webbsajt som i sin tur kan läggas på en webbserver.

Spara och säkerhetskopiera

Du kan spara projektfilen när som helst under ett arbetspass. Hela projektfilen sparas, det är inte möjligt att spara ett enskilt objekt.

1   Gå till **File → Save**
eller [**Ctrl**] + [**S**]

eller ikonen 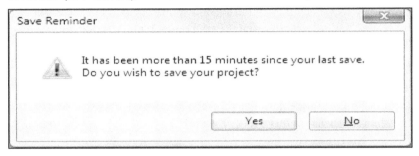 på Quick Access Toolbar.

Om man valt alternativet *Enable project save reminders every 15 minutes* (se sidan 38) visa detta meddelande var 15:e minut:

Save Reminder

⚠ It has been more than 15 minutes since your last save.
Do you wish to save your project?

Yes   No

2   bekräfta med [**Yes**] och hela projektfilen sparas.

Att säkerhetskopiera projektfilen är enkelt eftersom hela projektet är endast en fil och inte en struktur av filer och mappar. Det går naturligtvis bra att använda Windows egna verktyg att säkerhetskopiera och följa de rutiner som din organisation följer. Kommandot **File → Manage → Copy Project** skapar en kopia av projektfilen på den lagringsplats och med det filnamn du väljer medan du står kvar i ditt pågående projekt och kan alltså fortsätta arbeta.

4. HANTERA TEXT-OBJEKT
Dokument

Transkriberingar av intervjuer, avhandlingar, statliga och
kommunala utredningar och rapporter är typiska former av data
som ingår i många kvalitativa studier. Tveklöst är då text-baserade
dokument dominerande. Text objekt kan enkelt importeras från filer
som skapats utanför NVivo, som Word dokument eller noteringar
som gjots i Evernote. Text objekt kan även skapas inne i NVivo
eftersom de flesta funktioner för normal ordbehandling finns i
NVivo. Detta kommer att diskuteras mera i nästa kapitel.

Importera dokument

Detta avsnitt handlar om text-baserade källor som kan importeras
och dessa filtyper är: .DOC, .DOCX, .RTF, .TXT och text-only Evernote
export filer (.ENEX). När textfiler importeras till NVivo blir de objekt
inom mappen Internals eller dess undermapp:

1 Gå till **External Data | Import | Documents**.
   Standard lagringsplats är mappen **Internals**.
   Gå till 5.

alternativt

1 Klicka på [**Sources**] i Område 1.
2 Välj mappen **Internals** i Område 2 eller undermapp.
3 Gå till **External Data | Import | Documents**.
   Gå till 5.

alternativt

3 Peka på tom plats i Område 3.
4 Högerklicka och välj **Import Internals → Import
   Documents...**
   eller [**Ctrl**] + [**Shift**] + [**I**].

alternativt

3 Drag-och-släpp dina filikoner från en yttre plats till Område 3.
   Gå till 5.

Dialogrutan **Import Internals** visas:

5 [**Browse...**]-knappen går till en filbläddrare och du kan välja ett eller flera dokument för samtidig import. För att välja flera dokument i följd använd [**Shift**] + vänsterklick.

6 När du valt dina dokument, Bekräfta med [**Öppna**].

Knappen [**More** >>] leder till flera alternativ:

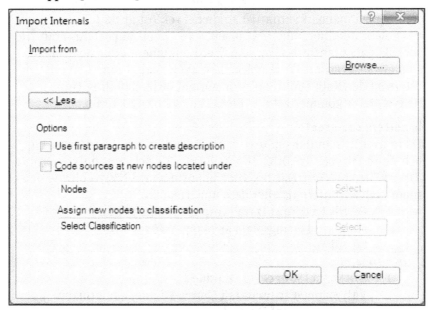

Use first paragraph to create descriptions. NVivo kopierar första stycket i varje dokument och klistrar in det i textrutan Description.

Code sources at new Nodes located under. Varje källobjekt kommer att kodas mot en egen nod (en källnod eller Case Node) med samma namn som den importerade filen eller filerna och som lagras under en mapp eller under den toppnod som valts. Du måste också tilldela noderna en klassifikation för att utföra detta kommando (se kapitel 11, Klassifikationer).

7 Bekräfta med [**OK**].

När man bara importerat *ett* dokument visas dialogrutan
Document Properties:

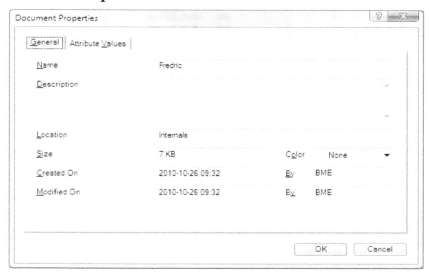

Här kan du ändra namnet på källobjektet och eventuellt skriva
eller ändra rutan 'Description'.

8   Bekräfta med [**OK**].

Skapa nytt dokument

Du kan alltid skapa dina egna textobjekt inom NVivo på samma sätt
som man skapar ett dokument i Word eller en notering i Evernote.

1   Gå till **Create | Sources | Document**
     Standard lagringsplats är **Internals**.
     Gå till 5.

alternativt

1   Klicka på [**Sources**] i Område 1.
2   Välj mappem **Internals** i Område 2 eller undermapp.
3   Gå till **Create | Sources | Document**
     Gå till 5.

alternativt

3   Peka på tom plats i Område 3.
4   Högerklicka och välj **New Internal → New Document...**
     eller [**Ctrl**] + [**Shift**] + [**N**].

Dialogrutan **New Document** visas:

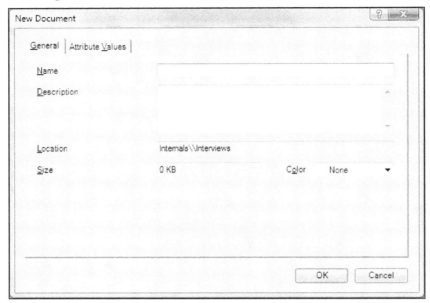

5   Skriv namn (obligatoriskt) och eventuellt beskrivning,
     därefter [**OK**].

Så här kan en lista i Område 3 med några källobjekt se ut:

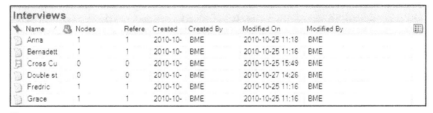

Öppna ett dokument

När du importerat eller skapat några källobjekt kan du när som helst
öppna ett eller flera sådana objekt. Alla källobjekt öppnas
skrivskyddade, se sidan 71.

1   Klicka på [**Sources**] i Område 1.
2   Välj mappen **Internals** i Område 2 eller undermapp.
3   Välj det objekt i Område 3 som du vill öppna.
4   Gå till **Home | Item | Open**
     eller högerklicka och välj **Open Document...**
     eller dubbelklicka på objektet i Område 3
     eller [**Ctrl**] + [**Shift**] + [**O**].

Observera, att NVivo bara kan öppna ett objekt i taget men fler
objekt kan vara öppna samtidigt.

Exportera dokument

Som vi nämnt tidigare kan det finnas tiilfällen då du behöver exportera ett källobjekt. Det kan vara ett tillfälle då skapat ett memo i NVivo som du vill att en kollega skall ta del av.

1 Klicka på [**Sources**] i Område 1.
2 Välj mappen **Internals, Externals** eller **Memos** i Område 2 eller eventuell undermapp.
3 Välj det textobjekt i Område 3 som du vill exportera.
4 Gå till **External Data | Export | Export → Export Document...**
eller högerklicka och välj **Export → Export Document...**
eller [**Ctrl**] + [**Shift**] + [**E**].
Dialogrutan **Export Options** visas:

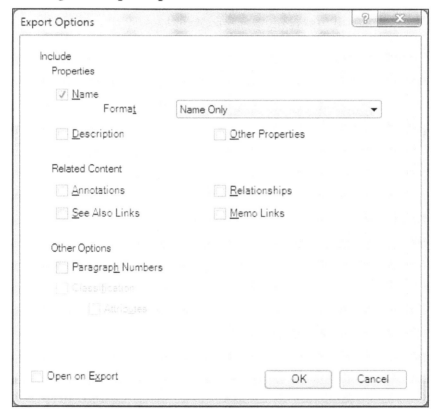

5 Välj de alternativ som du behöver. Bekräfta med [**OK**].
6 Bestäm lagringsplats, filtyp (.DOCX, .DOC, .RTF, .TXT, .PDF eller .HTML) och filnamn. Bekräfta med [**Save**].

Observera att den kodning som eventuellt gjorts inte kan överföras till ett sådant exporterat dokument.

Externa objekt

Av olika skäl kan du behöva referera till källor utanför själva NVivo-projektet. Det kan t ex vara en källa som är en webbsajt eller en fil som är alltför stor eller av en främmande filtyp. NVivo kan då i stället skapa ett externt objekt som är en vägvisare eller en länk till en sådan källa.

Skapa ett externt objekt

1 Gå till **Create | Sources | External**
Standard lagringsplats är mappen **Externals**.
Gå tioll 5.

alternativt

1 Klicka på [**Sources**] i Område 1.
2 Välj mappen **Externals** i Område 2 eller undermapp.
3 Gå till **Create | Sources | External**.
Gå till 5.

alternativt

3 Peka på tom plats i Område 3.
4 Högerklicka och välj **New External...**
eller [**Ctrl**] + [**Shift**] + [**N**].
Dialogrutan **New External** visas:

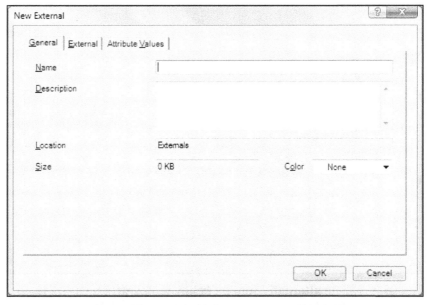

5 Skriv namn (obligatoriskt) och eventuellt beskrivning, därefter välj fliken **External**.

6   Vid **Type** välj *File link* och bläddra därefter med
     [**Browse...**] till den fil i egen dator eller nätverk som du vill
     länka till. Alternativt, vid **Type** välj *Web link* och skriv
     eller klistra in URL-adressen i rutan under.
7   Bekräfta med [**OK**].

Så här kan en lista i Område 3 med några externa objekt se ut:

Öppna ett externt objekt

Externa objekt uppträder på samma sätt som interna textobjekt: De
innehåller i huvudsak text som kan redigeras, kodas och länkas. Ett
externt objekt öppnas så här:

1   Klicka på [**Sources**] i Område 1.
2   Välj mappen **Externals** i Område 2 eller undermapp.
3   Välj det externa objekt i Område 3 som du vill öppna.
4   Gå till **Home | Item | Open**
     eller högerklicka och välj **Open External...**
     eller dubbelklicka på det externa objektet i Område 3
     eller [**Ctrl**] + [**Shift**] + [**O**].

Observera, att NVivo bara kan öppna ett externt objekt i taget
men fler objekt kan vara öppna samtidigt.

Öppna en extern källa

I motsats till interna objekt är externa objekt länkade till externa källor men som kan öppnas genom NVivo:

1 Klick på [**Sources**] i Område 1.
2 Välj mappen **Externals** i Område 2 eller undermapp.
3 Välj det externa objekt i Område 3 som har en länk till det externa källa (fil eller webbsajt) som du vill öppna.
4 Gå till **External Data | Files | Open External File** eller högerklicka och välj **Open External File**.

Ändra en extern länk

1 Klicka på [**Sources**] i Område 1.
2 Välj mappen **Externals** i Område 2 eller undermapp.
3 Välj det externa objekt i Område 3 vars länk du vill ändra.
4 Gå till **Home | Item | Properties** eller högerklicka och välj **External Properties...** eller [**Ctrl**] + [**Shift**] + [**P**].

Dialogrutan **External Properties** visas.

5 Välj fliken **External** och om du vill länka till en ny fil använd [**Browse...**]. Om det är en webbsajt du vill ändra skriv över dess URL.

Exportera ett externt objekt

På samma sätt som interna objekt kan externa objekt också exporteras. Men den externa källan eller dess identitet ingår inte i det exporterade dokumentet, bara innehållet i det externa objektet exporteras.

1 Klicka på [**Sources**] i Område 1.
2 Völj mappen **Externals** i Område 2 eller undermapp.
3 Välj det externa objekt i Område 3 som du vill exportera.
4 Gå till **External Data | Export | Export** eller högerklicka och välj **Export → Export External...** eller [**Ctrl**] + [**Shift**] + [**E**].

Dialogrutan **Export Options** visas.

5 Välj de alternativ som du behöver. Bekräfta med [**OK**].
6 Bestäm lagringsplats, filtyp (.DOCX, .DOC, .RTF, .TXT, .PDF eller .HTML) och filnamn. Bekräfta med [**Save**].

5. REDIGERA TEXT I NVIVO

Vare sig du importerar ett textdokument eller skapar ett nytt, innehåller NVivo 10 de flesta funktioner som ingår i en modern ordbehandlare. De flesta dokument importeras visserligen men det är ändå viktigt att förstå hur ordbehandlingen i NVivo fungerar. Du kan både redigera existerande objekt och du kan skapa nya som memos, externa objekt eller Framework summaries.

Formatera text

Kom ihåg att varje gång du öppnar ett objekt är det skrivskyddat. Du måsta därför klicka på *Click to edit* (eller **Home** | **Item** | **Edit** eller [**Ctrl**] + [**E**]) överst i fönstret.

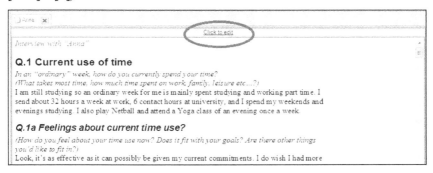

Du markerar hela objektet så här:

1. Peka någonstans inne i objektet.
2. Gå till **Home** | **Editing** | **Select**→ **Select All** eller [**Ctrl**] + [**A**].

> **Tips: Markera text**
> Välj ett avsnitt genom att hålla nere vänster musknapp och dra över den text du vill markera. Dubbelklick markerar ett ord. Visste du också att trippelklick markerar ett helt stycke? Användbart när du skall koda.

Teckensnitt, attribut, storlek och fäörg

1. Markera den text du vill formatera.
2. Gå till **Home | Format → Font...**

Dialogrutan **Font** visas:

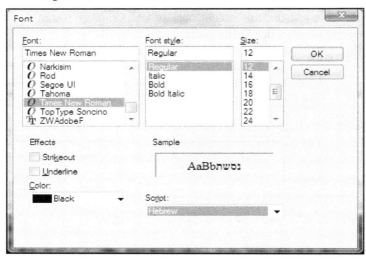

3. Välj de alternativ du behöver och bekräfta med **[OK]**.

Välja formatmall

1. Placera markören i det stycke du vill formatera.
2. Gå till **Home | Styles**.
3. Välj från listan av mallar.

Återställning till föregående formatmall är möjlig så länge inte projektet sparats efter senaste ändring:

1. Placera markören i det stycke du vill återtälla.
2. Gå till **Home | Styles | Reset Settings**.

Justera stycken

Val av justering

1. Placera markören i det stycke du vill formatera.
2. Gå till **Home | Paragraph**.
3. Välj på listan över justeringsalternativ.

Val av indrag

1. Placera markören i det stycke där du vill ändra indraget.
2. Gå till **Home | Paragraph**.
3. Välj ökat eller minskat indrag.

Skapa listor
1 Markera de stycken du vill göra till en lista.
2 Gå till **Home | Paragraph**.
3 Välj punktlista eller numrerad lista.

Söka, ersätta och navigera text

Söka text
1 Öppna ett textobjekt.
2 Gå till **Home | Editing | Find → Find...**
eller **[Ctrl] + [F]**.
Dialogrutan **Find Content** visas:

3 Skriv ett sökord och klicka sen på **[Find Next]**.
Listrutan vid **Style** gör det möjligt att söka i en viss formatmall.
Alternativet *Match case* gör det möjligt att exakt matcha
VERSALER eller *gemener* och alternativet *Find whole word* stänger
av fritextsökningen.

Söka och ersätta text

1   Öppna ett objekt.
2   Gå till **Home | Editing | Replace**
      eller **[Ctrl] + [H]**.
Dialogrutan **Replace Content** visas:

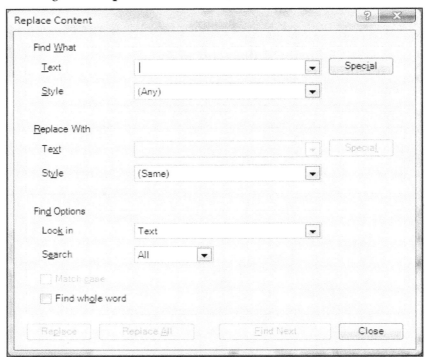

3   Skriv ett sökord och ett ersättningsord och sedan **[Replace]**
      eller **[Replace All]**.

Listrutan vid **Style** under **Find What** gör det möjligt att söka i en viss formatmall and listrutan vid **Style** under **Replace With** gör det möjligt att både ersätta det funna ordet och även ersätta formatmallen.

Alternativet *Match case* gör det möjligt att exakt matcha *VERSALER* eller *gemener* och alternativet *Find whole word* stänger av fritextsökningen.

Stavningskontroll

I NVivo ingår stavningskontroll för engelska (UK), engelska (US), franska, tyska, portugisiska och spanska. Om ditt material innehåller speciella termer eller förkortningar som inte finns i de inbyggda ordlistorna kan man skapa en egen ordlista som tillägg. Varje språk kan då ha sin egen tilläggslista.

När du gör en stavningskontroll kommer NVivo att flagga för ord som inte finns i den ordinarie ordistan eller i din egen tilläggslista. Du avgör då om du vill ignorera dessa ord eller om du vill korrigera eller om du vill lägga till dom till din tilläggslista.

Du kan utföra stavningskontroll så snart ett objekt ör öppet utan skrivskydd. Stavningskontroll kan göras på följande objekttyper:

- Textobjekt
- Memos
- Audio- och videoobjekt (enbart kolumnen Content)
- Bildobjekt (enbart kolumnen Content)
- Framework-matriser
- Externa objekt

Du kan också göra stavningskontroll på Annotations i alla objekttyper inklusive Datasets och PDFs. Du kan även stavningskontrollera Annotations som visas när du öppnar en nod.

Det går att ställa in stavningskontrollen i fliken **Text** i dialogrutan **Application Options** (se sidan 46). Du kan t ex välja att flagga eller inte flagga för ord med VERSALER (t ex USA) som stavfel.

1 Öppna ett objekt för rdigering.
2 Gå till **Home | Proofing | Spelling**
    eller [**F7**].

Dialogrutan **Spelling: <Language>** flaggar ett misstänkt stavfel så här:

Betydelsen av knapparna är:

[Ignore Once]	Skippa och gå till nästa
[Ignore All]	Skippa alla förekomster i objektet och gå till nästa
[Add To Dictionary]	Ordet läggs till tilläggslistan och flaggas inte mer
[Change]	Ändra stavningen till det markerade förslaget
[Change All]	Ändra stavningen till det markerade förslaget för alla förekomster i objektet och gå till nästa
[Cancel]	Stoppa stavningskontrollen

När du vill göra stavningskontroll i en Annotation, öppna dess fönster och låt markören stå i fönstret. Om du har mer än en Annotation i samma objekt kommer stavningskontrollen att gå igenom alla dessa. Objektet självt kan behålla sitt skrivskydd under en sådan aktivitet.

Det finns mer att läsa om språkinställning och ordböcker på sidan 46.

Markera text

Markera text: Klicka och dra
Markera ett ord: Dubbelklicka
Markera ett stycke:

1   Placera markören i det stycke du vill markera.
2   Gå till **Home | Editing | Select → Select Paragraph** eller trippelklicka.

Markera hela objektet:
1   Placera markören någonstans i objektet.
2   Gå till **Home | Editing | Select→ Select All**
     eller **[Ctrl]** + **[A]**.

> **'Go To'** funktionen varierar beroende på objekttypen (t ex Text, PDF, Datasets, Bild, Audio eller Video). Möjliga Go To alternativ för textobjekt är Paragraph, Character Position, See Also Link och Annotation, och i andra fall kan det vara Dataset Record ID, Log Row, Page, Source, Time, and Transcript Row.

Gå till viss plats

1   Gå till **Home | Editing | Find → Go to...**
     eller **[Ctrl]** + **[G]**.

Dialogrutan **Go to** visas:

2   Välj alternativ under **Go to what** och eventuellt värde.
3   Klicka på **[Previous]** eller **[Next]**.

Skapa en tabell

1   Placera markören där du önskar skapa en tabell.
2   Gå till **Home | Editing | Insert → Insert Text Table...**
Dialogrutan **Insert Text Table** visas:

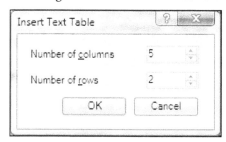

3   Välj antal rader och antal kolumner i tabellen.
4   Bekräfta med **[OK]**.

Infoga sidbrytning, bild, datum och symbol

Infoga sidbrytning
1 Placera markören där du önskar infoga en sidbrytning.
2 Gå till **Home | Editing | Insert → Insert Page Break**.
En sådan sidbrytning indikeras av en prickad linje på skärmen.

Infoga bild
1 Placera markören där du önskar infoga en bild.
2 Gå till **Home | Editing | Insert → Insert Image...**
3 Välj bild med filbläddraren. Endast .BMP, .JPG and .GIF filer kan infogas.
4 Bekräfta med [**Open**].

Infoga datum och klockslag
1 Placera markören där du önskar infoga datum och klockslag.
2 Gå till **Home | Editing | Insert → Insert Date/Time** eller [**Ctrl**] + [**Shift**] + [**T**].

Infoga symbol
1 Placera markören där du önskar infoga en symbol.
2 Gå till **Home | Editing | Insert → Insert Symbol** eller [**Ctrl**] + [**Shift**] + [**Y**]
3 Välj symbol från dialogrutan **Insert Symbol**, bekräfta med [**Insert**].

Zooma textobjekt
1 Öppna ett objekt.
2 Gå till **View | Zoom | Zoom | Zoom...**
Dialogruran **Zoom** visas:

> **Tips:** Det smidigaste sättet att zooma i NVivo är [**Ctrl**] + mushjulet.
> Rulla hjulet framåt och du zoomar in och rulla hjulet bakåt och du zoomar

3 Ställ in önskad förstoringsgrad och bekräfta med [**OK**].
Alternativt kan man också använda Zoomreglaget i statusraden längst ner på skärmbilen.
Alternativt, [**Ctrl**] + mushjulet zoomar in och ut.

Du kan också zooma in och ut i förutbestämda steg:

1   Öppna ett objekt.
2   Gå till **View | Zoom | Zoom | Zoom In**
eller **View | Zoom | Zoom | Zoom Out**.

Förhandsgranska för utskrift

1   Öppna ett textobjekt.
2   Gå till **File → Print → Print Preview**.

Dialogrutan **Print Options** visas:

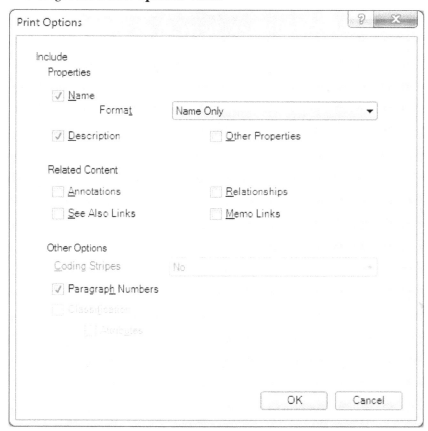

3   Välj alternativ för förhandsvisningen.
4   Bekräfta med [**OK**].

Som du ser i dialogrutan har vi valt alternativen Name,
Description och Paragraph Numbers. Detta kan vara av stor praktisk
betydelse när man arbetar i grupp. Även sidbrytningar visas här
vilket de inte gör i Område 4 på skärmen.

Resultatet kan se ut så här:

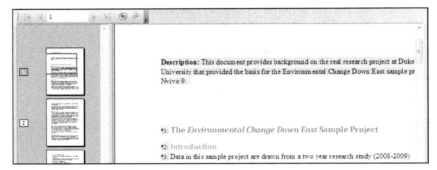

I Print Preview fönstret finns många möjligheter att navigera, zooma och ändra presentation. Miniatyrerna kan döljas med **View →** **Thumbnails** som är en pendelfunktion. Utskrift av alla sidor sker med **File → Print** eller **[Ctrl] + [P]**.

Utskrift av textobjekt

1 Öppna ett textobjek.
2 Gå till **File → Print → Print...**
   eller **[Ctrl] + [P]**.
3 Dialogrutan **Print Options** (samma som ovan) visas. Välj alternativ för utskriften.
4 Bekräfta med **[OK]**.

Utskrift med kodlinjer

När du behöver skriva ut ett textobjekt med kodlinjer (se sidan 167), måste du först visa kodlinjerna på skärmen. Sen måste du välja *Coding Stripes* i dialogrutan **Print Options**:

Alternativen är: *Print on Same Page.*

eller *Print on Adjacent Pages.*

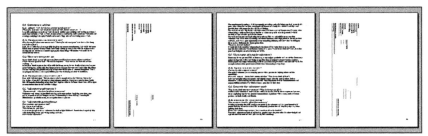

Sidinställningar

1 Öppna ett textobjekt utan skrivskydd.
2 Gå till **Layout | Page | Page Setup**.
alternativt
1 Öppna ett textobjekt.
2 Öppna **Print Preview**.
3 Gå till **File → Page Setup...**
Dialogrutan **Page Setup** visas:

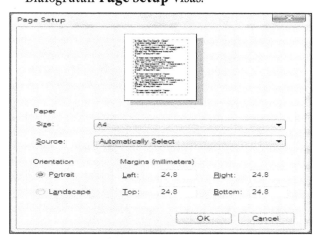

4 Ställ in önskade värden för pappersstorlek, orientering och marginaler, därefter [**OK**].

Begränsningar i NVivos redigeringsmöjligheter

Av naturliga skäl har NVivo vissa begränsningar i möjligheter att skapa avancerat formaterade dokument.

Dessa begränsningar är:

- NVivo NVivo kan ej sammanfoga två dokument annat än genom att kopiera/klippa ut och klistra in.
- Det är svårt att formatera en bild (ändra storlek, orientering, flytta).
- Det är svårt att formatera en tabell.
- Det är svårt att formatera ett stycke (hängande indrag, första raden annorlunda, radavstånd).
- Kopiering från Word till NVivo förlorar ofta vissa styckeformateringar
- Fotnoter som finns i ett Worddokument försvinner vid import till NVivo. Fotnoter kan ersättas med Annotations (se sidan 125).
- Fältkoder förkommer ej i NVivo och dessa ändras till text vid import till NVivo.
- NVivo kan inte arbeta med flera spalter. Importeras ett flerspaltigt dokument konverteras det till enspaltigt för att kunna analyseras och kodas i NVivo. När ett sådant dokument (flerspaltigt Word) skrivs ut återskapas spalterna.

Ofta är det en stor fördel att arbeta i Word och sedan importera dokumentet. Fotnoter måste dock ersättas med Annotations. De flesta formateringar i Word-dokumentet behålls efter import till NVivo, men kan alltså inte alltid formatredigeras.

Tips: Förbered ditt Word dokument för NVivo:

1 Ge dina Word dokument enkla och meningsfulla filnamn. Om du skriver ett dokument per intervju, är det en fördel att filnamnet representerar respondenten (namn i klartext eller en kod). Efter import till NVivo kommer både textobjektet och källnoden att få samma namn. Lagra alla intervjuer av samma slag i gemensam mapp och tänk på sorteringsordningen. Om du använder siffror i filnamnet tänk på att alltid använda samma antal tecken, t ex 001, 002, .. 011, 012, .. 101, 102, etc.

2 Använd Word's formamallar för att möjliggöra autokodning. För strukturerade intervjuer bör du använda dokumentmallar med rubriker och rubrikmallar.

3 Dela in texten i logiska, meningsfulla stycken (använd [**Enter**]). Detta förenklar den kodning som baseras sökord och kommandot 'Spread Coding to Surrounding Paragraph'. Praktisk när du trippelklickar!

6. HANTERA PDF-OBJEKT

Av största intresse för forskare som sysslar med litteraturöversikter
är att importerade PDF dokument behåller sin originallayout efter
import till NVivo och uppträder som när de öppnas med Acrobat
Reader. Dessa PDF objekt kan kodas, länkas och analyseras som andra
källobjekt. En begränsning är att PDF objektet inte kan redigeras
eller att hyperlänkar inte kan skapas. Hyperlänkar som finns i den
ursprungliga PDF-dokumentet fungerar däremot.

Bibliografiska data inklusive PDF artiklar kan via EndNote
importeras till NVivo. Det som nu är nytt för NVivo 10 är att
webbsidor och Evernote-filer också kan importeras som PDF-objekt.
Detta gör att webbsidor och Evernote-filer kan organiseras, kodas
länkas och analyseras på samma sätt som andra PDF-objekt (se
kapitlen 15, 18 och 19).

Importera PDF-filer

1   Gå till **External Data | Import | PDFs**
    Standard lagringsplats är **Internals**.
    Gå till 5.

alternativt

1   Klicka på **[Sources]** i Område 1.
2   Välj mappen **Internals** i Område 2 eller undermapp.
3   Gå till **External Data | Import | PDFs**.
    Gå till 5.

alternativt

3   Peka på tom plats i Område 3.
4   Högerklicka och välj **Import Internals → Import PDFs...**
    eller **[Ctrl] + [Shift] + [I]**.

alternativt

3   Drag-och-släpp dina filikoner från en yttre plats till Område 3.
    Gå till 5.

Dialogrutan **Import Internals** visas:

5   Med **[Browse]** -knappen får du tillgång till en fil-bläddrare
    och kan välja att importera en eller flera PDF-filer.
6   När du valt dina PDF-filer, bekräfta med **[Open]**.

Knappen [**More**>>] erbjuder flera alternativ:

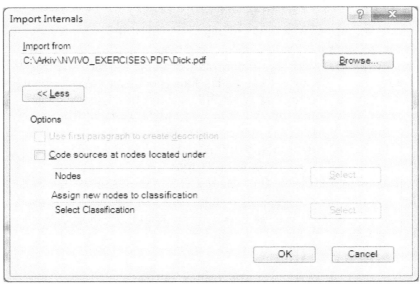

Use first paragraph to create descriptions: Tillämpas ej för PDF-filer.

Code sources at new Nodes located under: Varje källobjekt kommer att kodas mot en egen nod (en källnod eller Case Node) med samma namn som den importerade filen eller filerna och som lagras under en mapp eller under den toppnod som valts. Du måste också tilldela noderna en klassifikation för att utföra detta kommando (se kapitel 11, Klassifikationer).

7 Bekräfta med [**OK**].

När endast *en* PDF valts kommer dialogrutan **PDF Properties** att visas:

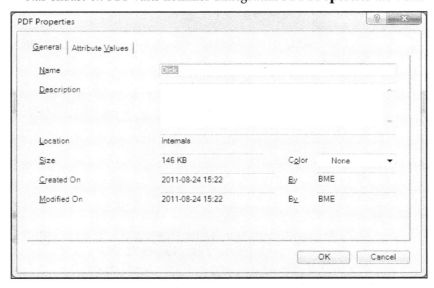

Denna dialogruta gör det möjligt att ändra namn på PDF-objektet och lägga till en beskrivning.

8   Bekräfta med [**OK**].

Öppna ett PDF-objekt

1   Klicka på [**Sources**] i Område 1.
2   Välj mappen **Internals** i Område 2 eller undermapp.
3   Välj det PDF-objekt i Område 3 som du vill öppna.
4   Gå till **Home | Item | Open → Open PDF** eller högerklicka och välj **Open PDF...** eller dubbelklicka på PDF-objektet i Område 3 eller [**Ctrl**] + [**Shift**] + [**O**].

Observera, att NVivo bara kan öppna ett PDF-objekt i taget men fler objekt kan vara öppna samtidigt.

Anteckning i PDF är i många fall väldigt användbart. Du kan göra dessa i Acrobat Pro men även i nyare versioner av EndNote. Tyvärr kan inte NVivo öppna dessa Anteckningar. NVivo använder i stället sina olika länkverktyg, lika för alla typer av källobjekt, varav Annotations tjänar samma syfte som den gula lappen ovan.

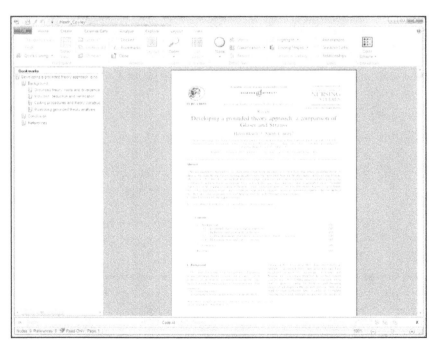

När PDF-objektet är öppet kan du koda, länka (See Also-länkar, Annotations, memolänkar) och ställa sökfrågor som för andra källobjekt.

Markeringsverktyg för PDF-objekt

Det finns två olika markeringsverktyg för PDF-objekt, nämligen *text* eller *område*. Markeringsverktyget för text används för att markera text i PDF-objektet på samma sätt som för andra källobjekt. Text-verktyget är alltid aktivt varje gång du öppnar ett PDF-objekt. Tänk på att scannade dokument inte alltid har text som kan markeras. Då är texten bild. Adobe Acrobat Pro eller FineReader kan utföra OCR eller Optical Character Recognition så att texten verkligen är text.

Markeringsverktyget för område används när du behöver välja en bild, en tabell eller ett diagram i PDF-objektet:

1   Öppna ett PDF-objekt.
2   Gå till **Home | Editing | PDF Selection → Region**
      eller peka på PDF-objektet, högerklicka och välj **Selection Mode → Region**.
3   Med muspekaren (som nu är ett litet kors) kan du definiera diagonalt motsatta hörn av ett rektangulärt område. Finns text inom detta område blir texten också tolkad som bild.

För att återgå till markeringsverktyget för text:

1   Gå till **Home | Editing | PDF Selection → Region**
      eller peka på PDF-objektet, högerklicvka och välj **Selection Mode → Text**.

Markeringar kan användas för kodning och länkning. Hyperlänkar kan däremot inte skapas i ett PDF-objekt. Se sidan 174 hur en nod som kodar ett PDF-objekt visas.

Exportera ett PDF-objekt

Som de flesta objekt i NVivo kan PDF-objekt exporteras:

1   Klicka på [**Sources**] i Område 1.
2   Välj mappen **Internals** i Område 2 eller undermapp.
3   Välj det eller de PDF-objekt i Område 3 som du vill exportera.
4   Gå till **External Data | Export | Export → Export PDF...**
      eller högerklicka och välj **Export | Export PDF...**
      eller **[Ctrl] + [Shift] + [E]**.

Tips: Att arbeta med PDF dokument. NVivo's möjlighet att arbeta med PDF dokument känns om en dröm för forskare som arbetar med litteraturöversikter. Många tidskriftartiklar och andra akademiska papper kan numera laddas ner som texttolkade PDF dokument. Men bokkapitel eller andra tryckalster måste ibland scannas av forskaren själv. Vi rekommenderar Adobe Acrobat Pro eller ABBYY FineReader för texttolkning av scannade dokument, en process som kallas OCR, Optical Character Recognition.

Dialogrutan **Export Options** visas:

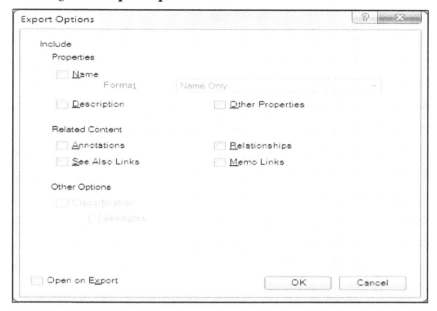

5   Välj de alternativ du behöver. Bekräfta med [**OK**].
6   Bestäm lagringsplats, filtyp och filnamn. Möjliga filtyper är:
.PDF and .HTML. PDF kan bara väljas när inga andra
alternativ har valts. Slutligen bekräfta med [**Save**].
Observera att den kodning som eventuellt gjorts inte kan
överföras till ett sådant exporterat dokument.

Tips: Använd Word i stället för PDF. Enligt vår erfarenhet är
det lättare att arbeta med Word-filer (.doc or .docx) än att arbeta
med PDF-filer i NVivo. Vi rekommenderar att scanna text och
spara som Word-filer som är att föredra när man arbetar med
NVivo. Vi rekommenderar också att spara PDF-filer som Word-
filer när det är möjligt. Nyare versioner av Adobe Acrobat (X or
XI) möjliggör att PDF-filer sparas enkelt till fullt formaterade
Word-filer. Även Microsoft Word 2013 kommer att möjliggöra att
PDF filer öppnas och sparas som fullt formaterade Word-filer.

7. HANTERA AUDIO- OCH VIDEO-OBJEKT

Hittills har vi fokuserat på textbaserad data, men NVivo har en hel uppsättning verktyg för forskare som arbetar med audio- och video-material. NVivo har två fundamentala funktioner som hanterar audio- och video-material. Till att börja med kan audio och video importeras som källobjekt som kan organiseras, kodas och analyseras på motsvarande sätt som för text. Vidare, och kanske av ännu större betydelse, är att NVivo har möjligheter att importera, skapa och exportera transkriberingar. I stället för att bekosta transkriberingar av tredje part eller lägga pengar på specialutvecklade programvaror kan NVivo ge forskaren enkla, robusta verktyg att hantera transkriberingar av audio- och video-klipp.

NVivo 10 kan importera följande audio format: .MP3, .M4A, .WAV, och .WMA och följande video format: .MPG, .MPEG, .MPE, .MP4, .MOV, .QT, .3GP, .MTS, and .M2TS. Många av dessa filformat är nya för NVivo 10 för att man skall kunna importera flera format från exempelvis smarta mobiltelefoner. Media filer som är mindre än 40 MB kan importeras och bäddas in i NVivo projektet.

Filer som är större än 40 MB måste lagras som external filer. Dessa externa filer kan ändå uppträda och hanteras som om de vore inbäddade. NVivo levereras med en audio and video spelare för externa filer, vilket betyder att även om en stor videofil inte är inbäddad kan du ändå spela upp, transkribera, koda, och länka genom NVivo. Men kom ihåg, om du öppnar ditt projekt i annan dator kommer sökvägen till externa filer inte att fungera. Det går givetvis att skapa kopior av sådana filer med identiska filnamn och sökvägar så att det skulle kunna fungera även på en annan dator.

Även de icke inbäddade objekten lagras under standardmappen **Internals** eller undermapp eftersom de hanteras i alla avseende som om de vore inbäddade.

Tröskelvärdet för audio och video filer som lagras som externa filer kan minskas för nya projekt med **File → Options...**, och fliken **Audio/Video**, avsnitt *Default for new projects* (se sidan 44). För att justera för pågåendeprojekt, gå till **File → Info → Project Properties...** och fliken **Audio/Video**, avsnitt *Settings* (se sidan 57). Om du behöver justera för ett visst enskilt objekt gå till dialogrutan **Audio/Video Properties**, fliken **Audio/Video** (se sidan 94).

Om du önskar se en sammanfattning av vilka objekt som inte är inbäddade klicka på [**Folders**] i Område 1, välj mappen **Search Folders** och undermappen **All Sources Not Embedded** i Område 2.

Importera mediafiler

Import av mediafiler går till på samma sätt som när man importerar textfiler eller PDF-filer:

1 Gå till **External Data | Import | Audios/Videos**
Standard lagringsplats är mappen **Internals**.
Gå till 5.

alternativt

1 Klicka på [**Sources**] i Område 1.
2 Välj mappen **Internals** i Område 2 eller undermapp.
3 Gå till **External Data | Import | Audios/Videos**.
Gå till 5.

alternativt

3 Peka på tom plats i Område 3.
4 Högerklicka och välj **Import Internals → Import Audios.../Import Videos...**
eller [**Ctrl**] + [**Shift**] + [**I**].

alternativt

3 Drag-och-släpp dina filikoner från en yttre plats till Område 3.
Gå till 5.

Dialogrutan **Import Internals** visas:

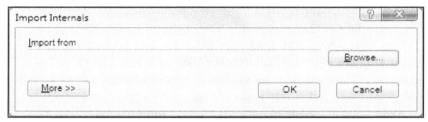

5 Med [**Browse...**] får du tillgång till en filbläddrare och du kan välja en eller flera mediafiler för samtidig import.
Klicka på [**Öppna**].
6 Slutligen bekräfta med [**Open**].

Knappen [**More** >>] leder till flera alternativ:

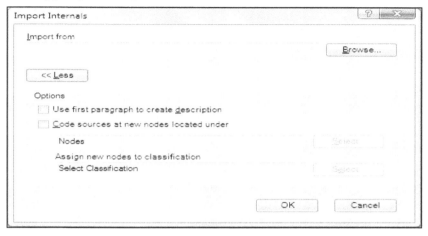

Use first paragraph to create descriptions Tillämpas ej för mediafiler.

Code sources at new Nodes located under. Varje källobjekt kommer att kodas mot en egen nod (en källnod eller Case Node) med samma namn som den importerade filen eller filerna och som lagras under en mapp eller under den toppnod som valts. Du måste också tilldela noderna en klassifikation för att utföra detta kommando (se kapitel 11, Klassifikationer).

7   Bekräfta med [**OK**].

När du bara importerar *en* mediafil visas diagrutan **Audio Properties/Video Properties**:

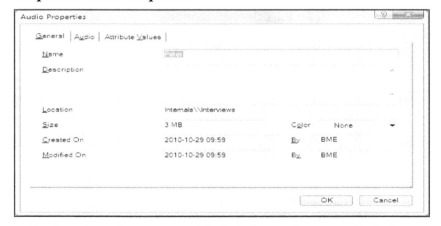

Här kan du ändra namnet på källobjektet och eventuellt skriva eller ändra rutan 'Description'.

När du öppnat fliken **Audio/Video** kan du välja att låta filen lagras externt även om filens storlek underskrider tröskelvärdet. Du kan även ändra detta efter att en mediafil har importerats. Det görs genom att använda dialogrutan **Audio Properties/Video Properties**. En inbäddat objekt kan dock aldrig överskrida 40 MB.

    8   Bekräfta med **[OK]**.

I framtiden kan det hända att du måste flytta den externa mediafilen. När en sådan mediafil har flyttats måste mediaobjektet uppdateras genom att markera objektet och sedan gå till **Home | Item | Properties → Update Media file Location** eller högerklicka och välja **Update File Location** och därefter bläddra sig till den nya lagringsplatsen. Detta går även att göra för flera mediafiler samtidigt. Nu kan NVivo finna de aktuella mediafilerna.

Skapa nytt mediaobjekt

Som alternativ till att importera en mediafil kan man skapa ett mediaobjekt:

    1   Gå till **Create | Sources | Audio/Video**.
         Standard lagringsplats är mappen **Internals**.
         Gå till 5.

alternativt

    1   Klicka på **[Sources]** i Område 1.
    2   Välj mappen **Internals** i Område 2 eller undermapp.
    3   Gå till **Create | Sources | Audio/Video**.
         Gå till 5.

alternativt

    3   Peka på tom plats i Område 3.
    4   Högerklicka och välj **New Internal → New Audio.../New Video...**
         eller **[Ctrl] + [Shift] + [N]**.

Dialogrutan **New Audio/New Video** visas:

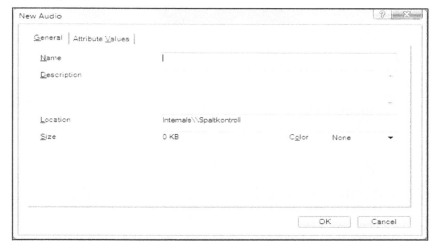

5   Skriv namn (obligatoriskt) och eventuellt beskrivning,
     därefter [**OK**].

När du skapar ett nytt mediaobjekt på detta sätt finns först
varken en mediafil eller transkriberingsrader. Avsikten är i stället
att importera denna information separat. Från det öppna
mediaobjektet klicka först *Click to edit* och gå sedan till **Media |
Import | Media Content** eller **Media | Import | Transcript Rows** (se
sidan 100). Här väljer du vilken information du vill importera.

Här är en typisk objektlista i Område 3 för några audioobjekt:

Öppna ett mediaobjekt

Nu när har du skapat och importerat några mediaobjekt vill du
naturligtvis öppna dom och arbeta vidare. När du öppnat ett sådant
objekt öppnas också menyfliken **Media**, som är en av de menyflikar
som bara finns tillgänglig när den behövs:

1   Klicka på [**Sources**] i Område 1.

2   Välj mappen **Internals** i Område 2 eller undermapp.

3   Välj det mediaobjekt i Område 3 som du vill öppna.

4   Gå till **Home | Item | Open**
eller högerklicka och välj **Open Audio/Video...**
eller dubbelklicla på mediaobjektet i Område 3
eller **[Ctrl] + [Shift] + [O]**.

Observera, att NVivo bara kan öppna ett mediaobjekt i taget men flera objekt kan vara öppna samtidigt.

Ett öppet audioobjekt kan se ut så här:

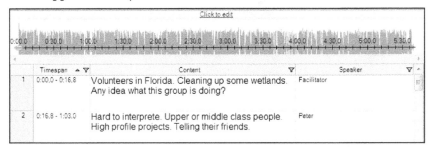

Om ljudkort och högtalare är anslutna till din dator kan du spela och analysera audioobjektet.

Skapa egna transkriberingskolumner

När du importerar transkriptioner, se sidan 100, kan det hända att filen med transkriberingen redan definierat egna kolumner. I annat fall, om du har definierat sådana i fliken **Audio/Video** i dialogrutan **Application Options**, se sidan 44, kommer alla nya projekt att ha dem. Om du behöver definiera eller modifiera transkriberingskolumner i pågående projekt kan du använda fliken **Audio/Video** i dialogrutan **Project Properties**, se sidan 57.

En praktiskt anordning är kommandot **Media | Display | Split Panes** som separerar standardkolumnerna från dina egna transkriberingskolumner. Detta gör det betydligt enklare att justera kolumnbredder.

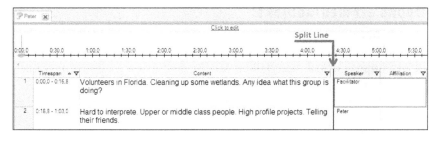

Uppspelningssätt

NVivo har tre uppspelningssätt när men arbetar med mediaobjekt och varje sätt har sina egenskaper i relation till transkriberingar. *Normal Mode* spelar helt enkelt upp mediaobjektet; *Synchronize Mode* spelat upp mediaobjektet medan motsvarande skrivrad rullas fram synkront; *Transcribe Mode* skapar ett ny skrivrad varje gång du spelar och avslutar uppspelningen.

Gå till **Media | Playback | Playmode** för att verifiera eller ändra uppspelningssätt.

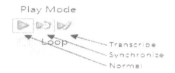

Uppspelningssätt *Normal*
När ett mediaobjekt först öppnas är uppspelningssättet alltid *Normal*.
1   Gå till **Media | Playback | Play/Pause**
    eller [**F4**].

Enbart markerat avsnitt (en blå ram) kommer att spelas upp om det finns någon markering längs tidaxeln annars spelas hela objektet. Markeringen försvinner när man klickar utanför markeringen.
1   Gå till **Media | Playback | Stop**
    eller [**F8**].

Gå framåt, gå bakåt
1   Gå till **Media | Playback | Go to Start**.
2   Gå till **Media | Playback | Rewind**.
3   Gå till **Media | Playback | Fast Forward**.
4   Gå till **Media | Playback | Go to End**.
5   Gå till **Media | Playback | Skip Back**.
    eller [**F9**]
6   Gå till **Media | Playback | Skip Forward**
    eller [**F10**]

Skip intervallet ställs in under
File → Options, fliken **Audio/Video** (se sidan 44).

Du kan få upprepad uppspelning om du markerar *Loop* vid **Media | Playback | Playmode**.

Volymkontroll, uppspelningshastighet
1   Gå till **Media | Playback | Volume**. Här kan du också stänga av ljudet.
2   Gå till **Media | Playback | Play Speed**. Det finns fasta steg och steglöst reglage.

Uppspelningssätt *Synchronized*

Du kan spela upp alla mediaobjekt synkronisertat så att motsvarande transkriberingsrad är färgmarkerad och rullas fram automatiskt.

1   Gå till **Media | Playback | Play Mode → Synchronize**.
2   Play.

Tips: Vi rekommenderar att dölja ljudkurvan för att lättare kunna se en markering eller länkar längs tidsaxeln. Gå till **Media | Display | Waveform**, som är en pendelfunktion. Varje mediaobjekt bibehåller sin inställning under pågående arbetspass..

Du kan ställa in ljudkurvan för nästa arbetspass genom **File → Options**, fliken **Display** och alternativet *Waveform*.

Uppspelningssätt *Transcribe*

Grundidén för mediaobjekt är att kunna länka ett visst tidsintervall med en viss skrivrad (t ex en kommentar, en transkribering eller en översättning). Ordet *transkribering* har vanligtvis betydelsen ordagrant återgivande av tal medan många forskare använder snabbare metoder som påminner mer om stenografi.

Transkribering görs i flera steg. Först måste du definiera ett intervall som skall motsvara en viss textrad. Sedan skall tidsintervallet och textraden länkas samman. Till sist har du en transkribering som kan kodas och länkas för vidare analys.

1   Gå till **Media | Playback | Play Mode → Transcribe**.
2   Spela upp.

Intervall kan definieras på flera olika sätt, som t ex att markera ett intervall längs tidsaxeln med musen eller med kommandon som markerar start och stopp av ett intervall medan uppspelning pågår. Detta är den metod vi förespråkar. Se sidan 100.

Markera ett intervall vid *Normal*

NVivo fungerar som en vanlig spelare vid normal uppspelning. Det finns två sätt att markera ett tidsintervall som kan användas för *kodning* och att skapa en *länkad skrivrad*. Dessa metoder funkar för övrigt i alla uppspelningssätt:

1   Använd vänster musknapp för att definiera början av ett intervall och dra sedan med knappen nertryckt till slutet intervallet.

alternativt

1   Spela upp mediobjektet, eventuellt med reducerad hastighet, se ovan.
2   Definiera början av intervallet genom att gå till **Media | Selection | Start Selection** eller [**F11**].
3   Definiera slutet av intervallet genom att gå till **Media | Selection | Stop Selection** eller [**F12**].

Resultatet är en markering (en blå ram) längs tidsaxeln. Nu kan du koda eller länka från denna markering. För att fortsätta med nästa markering måste du klicka utanför den blå ramen så att föregående markering tas bort. Så länge det finns en markering längs tidsaxeln kan man bara spela upp detta intervall.

Skapa en skrivrad från ett intervall

När du en gång har markerat ett intervall finns många metoder att skapa en länkad skrivrad. Dessa metoder funkar för övrigt i alla uppspelningssätt:

1 Gör en markering av ett intervall.
2 Gå till **Layout | Rows and Columns | Insert → Insert Row**
eller högerklicka och välj **Insert Row**
eller [**Ctrl**] + [**Ins**].

Resultatet är en skrivrad som motsvarar det markerade intervallet. Intervallets storlek finns i kolumnen *Timespan* och en textbox för dina egna noteringar i kolumnen *Content:*

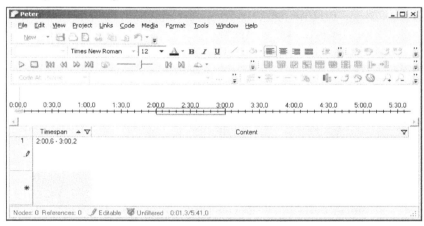

Skulle du behöva justera intervallet kan du göra så här:

1 Välj en skrivrad genom att klicka på radens nummer (den vänstra kolumnen). Motsvarande intervall längs tidsaxeln blir då markerad med en violett guidelinje.
2 Gör en ny markering längs tidsaxeln.
3 Gå till **Media | Selection | Assign Timespan to Rows**
eller högerklicka och välj **Assign Timespan to Rows**.

Alternativt kan du också modifiera intervallet i skrivraden och kolumen Timespan genom att ändra start och/eller sluttiden. Sedan kan du göra en justering av intervallet längs tidsaxeln:

1 Välj en skrivrad genom att klicka på radens nummer (den vänstra kolumnen).
2 Gå till **Media | Selection | Select Media from Transcript**.

99

Skapa en skrivrad i uppspelningssätt *Transcribe*

Som erfarna NVivo användare och utbildare anser vi att uppspelningssätt Transcribe är att föredra när man vill skapa noggranna transkriberingar, kommentarer, noteringar eller andra iakttagelser. Transcribe medger att snabba kortkommandon förenklar att skriva synkroniserad text.

1 Gå till **Media | Playback | Play Mode → Transcribe**.

2 Spela upp och bestäm början av ett intervall genom att gå till **Media | Playback | Start/Pause** eller [**F4**].

3 Bestäm slutet av ett intervall genom att gå till **Media | Playback | Stop** eller [**F8**].

Medan du transkriberar kan du göra paus med **Media | Playback | Start/Pause** eller [**F4**] om du behöver mera tid att skriva. Vi rekommenderar också att gå till **File → Options**, och fliken **Audio/Video** där du kan aktivera *Skip back on play in transcribe mode*. Denna funktion gör att du backar uppspelningen ett givet antal sekunder efter varje paus.

Du kan dessutom skapa nya intervall genom att spela upp och sedan använda [**F11**] och [**F12**]. Du skapar motsvarande skrivrader men du måste göra paus som separat kommando.

Sammanfoga skrivrader

Ibland kan man behöva städa upp och reducera antalet skrivrader genom att sammanfoga flera sådana:

1 Öppna ett mediaobjekt utan skrivskydd.

2 Markera två eller flera skrivrader genom att hålla nere [**Ctrl**]-tangenten och vänsterklicka i nummerkolumnen för de aktuella skrivraderna.

3 Gå till **Layout | Rows & Columns | Merge Rows**.

Den nu sammanslagna skrivraden sträcker sig från den första till den sista tidpunkten av de valda skrivraderna .

Importera transkriberingar

Om dina transkriberingar redan finns i din dator (du kanske är så lyckligt lottad att du använder en transkriberingsservice) är det möjligt att importera denna text så att den blir en integrerad del av ditt mediaobjekt. NVivo möjliggör import av dina transkriberingar geom att använda *Timestamps*, *Paragraphs* eller *Tables*. Filformatet för sådan text måste vara .DOC, .DOCX, .RTF eller .TXT.

Formatet *Timestamp*:

Formatet *Paragraph*:

Formatet *Table*:

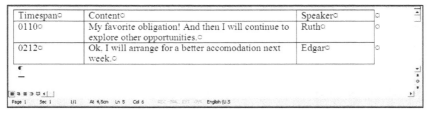

Så här importerar du en fil som innehåller transkribering:

1 Öppna mediaobjektet utan skrivskydd.
2 Gå till **Media | Import | Transcript Rows**.

Dialogrutan **Import Transcript Entries** visas:

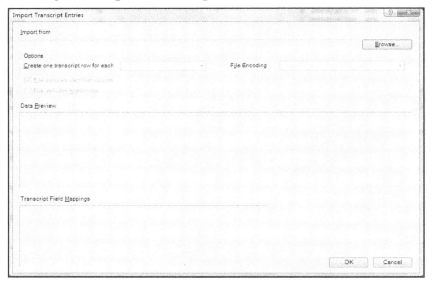

3 Med knappen [**Browse...**] söker du fram till den fil som skall importeras.
4 Vid *Options, Create one transcript row for each* väljer du alternativ som motsvarar filstrukturen.

5 När Data Preview visar en korrekt bild återstår att ställa in Transcript Field Mappings så att man mappar indata mot de rätta kolumnerna i skrivraderna.
6 Avsluta med [**OK**].

Lägg märke till att när ytterligare kolumner ingår i tabellformatet ovan skapas dessa i mediaobjektet vid importen och resultatet kan då se ut så här:

Olika sätt att visa skrivraderna

Raderna kan döljas:

1. Gå till **Media | Display | Transcript →
   Hide**.

Detta är en pendelfuktion.

Du kan också dölja videofönstret i ett videoobjekt:

1. Gå till **Media | Display | Video Player**.

Detta är en pendelfuktion.

För videoobjekt kanske du vill ha skrivraderna under tidsaxeln och videofönstret:

1. Öppna ett videoobjekt.
2. Gå till **Media | Display | Transcript → Bottom**.

Att koda ett mediaobjekt

Med möjligheten att markera intervall längs tidsaxeln och att skapa skrivrader kan vi nu börja koda mot noder. Kodning av ett mediaobjekt kan ske på två sätt:

1. Koda skrivrader eller text i en skrivrad
2. Koda ett intervall längs tidsaxeln

Principerna för kodning är desamma för mediaobjekt som för andra objekt: markera text eller ett intervall och välj sedan den nod eller de noder som du vill koda mot.

Om du vill koda en hel skrivrad, välj raden genom att klicka i nummerkolumnen, högerklicka och välj nod eller noder som du vill koda mot.

Om du vill koda ett intervall längs tidsaxeln, markera intervallet, och välj sedan nod eller noder som du vill koda mot.

Se kapitel 10, Om noder och kapitel 12, Att koda.

Shadow Coding

Shadow Coding är en funktion som är speciell för mediaobjekt. Det innebär att när en text eller en hel skrivrad har kodats kommer motsvarande intervall längs tidsaxeln att indikera denna kodning som en guide. Det är emellertid ingen verklig kodning utan bara en "skugga". Shadow coding kan bara visas när man visar kodlinjer (se sidan 167). Kodlinjer är fyllda, färgade linjer medan kodlinjer för shadow coding är av samma färg men med raster.

Mediaobjektet ovan är kodat mot noderna *Management* och *Public Service*. Både skrivrad och motsvarande intervall är kodade mot noden *Management*. Därför visas både en "äkta" kodlinje och en shadow coding. Noden *Public Service* har endast kodat skrivraden. Därför visas bara "äkta" kodlinjen vid textraden och bara shadow coding längs tidsaxeln. Shadow coding har ingen annan betydelse än att vara till hjälp vid analys. Shadow coding kan stängas av och på med **View | Coding | Coding Stripes → Shadow Coding**.

Att arbeta med tidsaxeln

Ibland kan man behöva markera ett intervall från en given skrivrad:
1 Öppna ett mediaobjekt med skrivrader.
2 Markera en skrivrad.
3 Gå till **Media | Select | Select Media from Transcript**.

Nu har du en exakt markering längs tidsaxeln varifrån du nu kan spela upp, koda eller länka.

Spela upp ett intervall från en skrivrad:
1 Öppna ett mediaobjekt med skrivrader.
2 Markera en skrivrad.
3 Gå till **Media | Selection | Play Transcript Media**.

Enbart det markerade intervallet spelas upp.

Om du vill öppna en nod som kodar både intervall och textrad, dubbelklicka på en kodlinje. Fliken **Audio** ser ut så här. Uppspelning av noden sker enbart i det kodade intervallet.

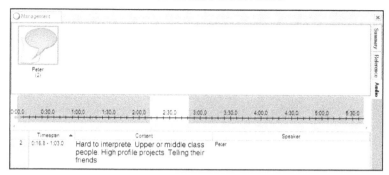

Om autokodning av skrivrader, se sidan 159.

Att länka från ett mediaobjekt

Ett mediaobjekt kan länkas (memolänkar, See Also-länkar och Annotations) på samma sätt som andra källobjekt. Hyperlänkar kan dock ej skapas i ett mediobjekt. Länkar kan skapas från tidsintervall eller från text i en skrivrad.

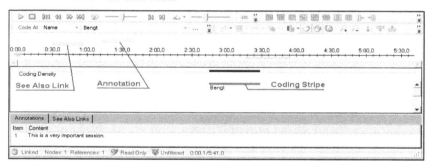

En memolänk återges i objektlistan i Område 3. En See Also-länk i ett tidsintervall visar en rosa linje och en Annotation visar en blå linje ovanför tidsaxeln. Kodlinjer visas under tidsaxeln. Se vidare kapitel 9, Memos, länkar och Annotations.

Exportera ett mediaobjekt

Som andra objekt i NVivo kan mediaobjekt exporteras:

1 Klicka på [**Sources**] i Område 1.
2 Välj mappen **Internals** i Område 2 eller undermapp.
3 Välj det mediaobjekt i Område 3 som du vill exportera.
4 Gå till **External Data | Export | Export →
 Export Audio(Video)/Transcript...**
 eller högerklicka och välj **Export →
 Export Audio(Video)/Transcript...**
 eller [**Ctrl**] + [**Shift**] + [**E**].

Dialogrutan **Export Options** visas:

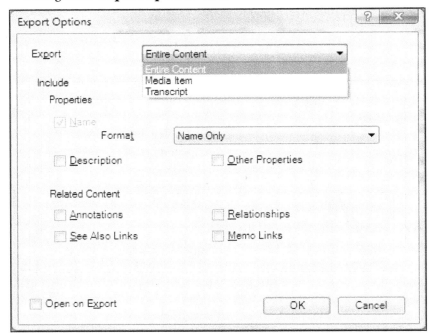

5 Välj lämpliga alternativ för export av mediaobjektet, mediafilen eller skrivraderna, eller båda (Entire Content). Bekräfta med **[OK]**.

6 Bestäm lagringsplats, filtyp och filnamn, bekräfta med **[Save]**.

När du väljer *Entire Content* bir resultatet en webbsida och mediafilen och övriga filer lagras i en mapp som kallas 'Filename_files'. När du väljer *Open on Export* kommer webbläsaren öppnas och resultatet visas direkt.

- ♦ -

Ett mediaobjekt kan också skrivas ut med vanligt kommando **File → Print → Print** eller **[Ctrl]** + **[P]**. Utskrift kan ske med eller utan kodlinjer.

8. HANTERA BILD-OBJEKT

På samma sätt som NVivo länkar samman intervall med skrivrader för mediaobjekt gör NVivo en sammanlänkning mellan ett delområde i en bild med motsvarande skrivrad. En sådan skrivrad kallas i NVivo för Picture Log. Både område och skrivrad kan kodas och länkas. NVivo 10 kan importera följande bildformat: .BMP, .GIF, .JPG, .JPEG, .TIF and .TIFF.

Importera bildfiler

NVivo kan importera ett stort antal av de vanligaste filformaten för digitala bilder. Skulle du ändå hamna med ett format som NVivo inte kan importera finns det massor av fria konverterare på nätet som kan lösa problemet:

1   Gå till **External Data | Import | Import Pictures**.
     Standard lagringsplats är mappen **Internals**.
     Gå till 5.

alternativt

1   Klicka på [**Sources**] i Område 1.
2   Välj mappen **Internals** i Område 2 eller undermapp.
3   Gå till **External Data | Import | Import Pictures**.
     Gå till 5.

alternativt

3   Peka på tom plats i Område 3.
4   Högerklicka och välj **Import Internals → Import Pictures...**
     eller [**Ctrl**] + [**Shift**] + [**I**].

alternativt

3   Drag-och-släpp dina filikoner från en yttre plats till Område 3.
     Gå till 5.

Dialogrutan **Import Internals** visas:

5   Med [**Browse...**] får man tillgång till en filbläddrare och kan välja en eller flera bildfiler för samtidig import.
6   När du valt bildfiler, bekräfta med [**Open**].

Knappen [**More** >>] leder till flera alternativ:

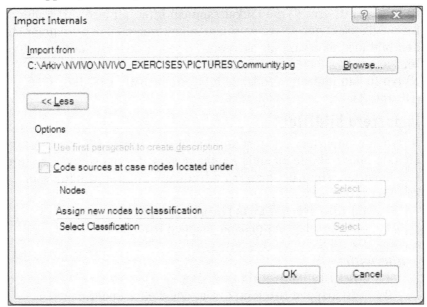

Use first paragraph to create descriptions: Tillämpas ej för
bildfiler.

Code sources at new Nodes located under: Varje källobjekt kommer
att kodas mot en egen nod (en källnod eller Case Node) med samma
namn som den importerade filen eller filerna och som lagras under
en mapp eller under den toppnod som valts. Du måste också tilldela
noderna en klassifikation för att utföra detta kommando (se kaptel
11, Klassifikationer).

    7   Bekräfta importen med [**OK**].

När endast *en* bildfil har importerats visas dialogrutan **Picture Properties**:

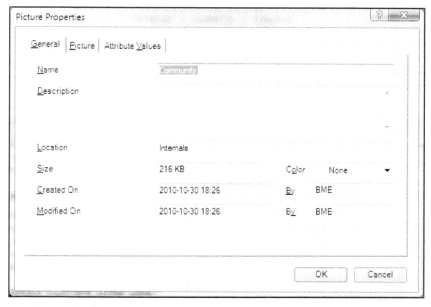

I denna dialogruta kan du ändra namn på objektet och eventuellt lägga till en beskrivning. Fliken **Picture** tab innehåller metadata från den importerade bilden:

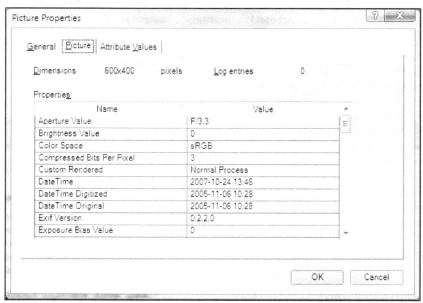

8   Bekräfta importen med [**OK**].

Detta är en typisk objektlista i Område 3 of innehållande några bildobjekt:

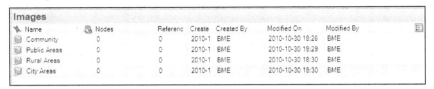

Öppna ett bildobjekt

1 Klicka på [**Sources**] i Område 1.
2 Välj mappen **Internals** i Område 2 eller undermapp.
3 Välj det bildobjekt i Område 3 som du vill öppna.
4 Gå till **Home | Item | Open**
eller högerklicka och välj **Open Picture...**
eller dubbelklicka på bildobjektet i Område 3
eller [**Ctrl**] + [**Shift**] + [**O**].

Menyfliken **Picture** öppnas. Observera, att NVivo bara kan öppna ett bildobjekt i taget men fler objekt kan vara öppna samtidigt.

Ett öppnat bildobjekt kan se ut så här:

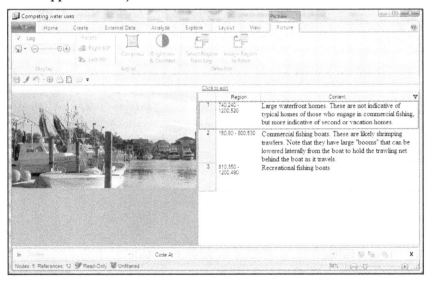

Hantering av bilder innebär bl a att att ett visst område i bildytan (Region) kan definieras och associeras till en skrivrad (Picture Log). Såväl område som skrivrad kan kodas och länkas.

Markera område och skapa skrivrad

1 Med vänster musknapp markeras ett hörn av det område som skall definieras, och sedan drar man markeringen till det diagonalt motsatta hörnet och släpper knappen.

2   Gå till **Layout | Rows & Columns | Insert → Row**
     eller **[Ctrl] + [Ins]**.

Resultatet är en ny skrivrad motsvarande det markerade området,
skrivutrymmet finns under kolumnen Content:

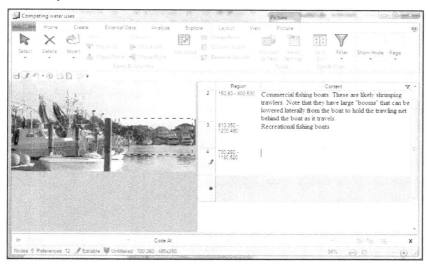

   Skulle man behöva omdefiniera området i bildytan kan man göra
så här:

1   Markera den aktuella skrivraden. När man markerar en
     skrivrad färgas alltid motsvarande region i bildytan.

2   Markera ett nytt område i bilden (exempelvis justering av
     den färgade bildytan).

3   Gå till **Picture | Selection | Assign Region to Rows**.

   På detta sätt kan man justera en region och samtidigt motsvarande
skrivrad i Picture Log.

   Som alternativ kan man också utgå från en skrivrad och därifrån
markera motsvarande område i bildytan.

1   Markera den aktuella skrivraden. När man markerar en
     skrivrad färgas alltid motsvarande område i bildytan.

2   Gå till **Picture | Selection | Select Region from Log**.

Du kan också dölja skrivraderna på följande sätt:

1   Gå till **Picture | Display | Log.**

Detta är en pedelfunktion och resultatet kan se ut så här:

Redigering av bilder

NVivo möjliggör att utföra vissa enkla redigeringar av bilder som importerats. Följande funktioner finns som menyval när man öppnat ett bildobjekt:

    Picture | Adjust | Rotate → Right 90°
    Picture | Adjust | Rotate → Left 90°
    Picture | Adjust | Compress
    Picture | Adjust | Brightness & Contrast

Kodning av bildobjekt

Kodning av ett bildobjekt kan göras för en viss skrivrad eller ord i en skrivrad eller ett område i bildytan. Kodningsförfarandet är i princip detsamma som för all annan kodning, dvs man väljer vilket informationselement som skall kodas och sedan väljer vilken eller vilka noder som man kodar mot. Vi hänvisar till kapitel 10, Om noder och kapitel 12, Att koda.

Om man önskar koda en hel skrivrad markerar man först hela raden (klicka i den vänstra kolumnen) och sedan kan man högerklicka och välja nod eller noder.

Om man i stället (eller dessutom) önskar koda en region i bildytan markerar man regionen och sedan väljer man nod eller noder på vanligt sätt.

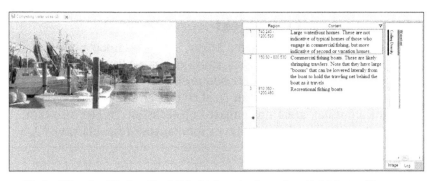

Vad gäller kodlinjer för bildobjekt så visas de alltid i ett fönster till vänster om Picture Log och med knapparna Image och Log visas kodlinjerna antingen i höjd med den kodade bildytan eller i höjd med skrivraderna.

Exemplet ovan visar ett bildobjekt som kodats mot noden *Waterfront*. Både område och skrivrad har kodats. Därför erhåller vi dubbla kodlinjer ("äkta" kodlinjer och Shadow Coding Stripes).

Vi vill också visa hur det ser ut när man öppnar noden *Waterfront*. När man valt fliken **Picture** till höger ser man i detta fall både den kodade bildytan och den kodade raden i Picture Log.

Länkning från ett bildobjekt

Ett bildobjekt kan länkas (memolänkar, See Also-länkar och Annotations) på samma sätt som andra objekt i NVivo. Man kan dock inte skapa hyperlänkar från ett bildobjekt. Länkar kan skapas från ett område i bildytan eller från en skrivrad. En memolänk visas inte som länk utan den återfinns enbart i objektlistan. En See Also-länk eller en Annotation visas i bildytan som en rosa resp. blå ram:

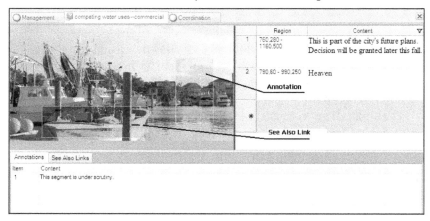

Se även kapitel 9, Memos, länkar och Annotations.

Exportera ett bildobjekt

1 Klicka på [**Sources**] i Område 1.
2 Välj mappen **Internals** i Område 2 eller undermapp.
3 Välj det eller de bildobjekt i Område 3 som du vill exportera.
4 Gå till **External Data | Export | Export → Export Picture/Log**
 eller högerklicka och välj **Export → Picture/Log...**
 eller [**Ctrl**] + [**Shift**] + [**E**].
Dialogrutan **Export Options** visas:

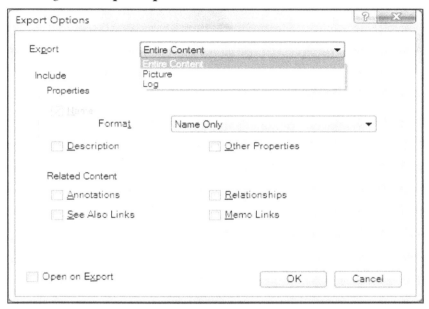

5 Välj tillämpliga alternativ. Som framgår av Export-alternativen kan man välja att exportera antingen bildfilen, skrivraderna eller båda. Bekräfta med [**OK**].
6 Bestäm lagringsplats, filtyp och filnamn, bekräfta med [**Spara**].
 Om man väljer *Entire Content* blir resultatet blir en Webbsida där bildfilen ligger i en mapp som heter "Filename_files". Om man dessutom väljer *Open on Export* öppnas webbläsaren och resultatet visas direkt.

- ◆ -

Utskrift av ett bildobjekt kan ske med vanligt **File → Print → Print** eller kortkommando [**Ctrl**] + [**P**]. Då kan man skriva ut själva bilden, textraderna, dess kodlinjer och några andra alternativ.

.

9. MEMOS, LÄNKAR OCH ANNOTATIONS

Memos, memolänkar, See Also-länkar, hyperlänkar och Annotations
är verktyg hos NVivo som gör att du kan skapa förbindelser och
associationer inom ett projekt. Dessa länktyper fungerar alla på
liknade sätt men hanteras inbördes olika. Memos och memolänkar
hänger förstås samman.

Arbeta med länkar i objektlistan

Memolänkar, See Also-länkar och Annotations (men inte
hyperlänkar) kan öppnas och visas i objektlistan i Område 3 som
andra objekt.

1   Klcka på [**Folders**] i Område 1.
2   Välj någon av följande mappar i Område 2:
     Memo Links
     See Also Links
     Annotations
Då kommer du att se den valda listan med objekt i Område 3.

Om man väljer en **Memo Link** i Område 3 och högerklickar visas
en meny med alternativen Open Linked Item, Open Linked Memo
eller Delete Memo link. Exportera och skriva ut hela objektlistan är
också menyalternativ.

Om man dubbelklickar en **See Also Link** i Område 3 öppnas
dialogrutan **See Also Link Properties**. Högerklick visar en meny
med alternativen: Open From Item, Open To Item eller Delete See
Also Link. Exportera och skriva ut hela objektlistan är också
menyalternativ.

Om man dubbelklickar en **Annotation** i Område 3 öppnas
källobjektet med dess Annotation (fotnot) i Område 4. Högerklick
visar en meny med alternativen: Open Source och Delete Annotation.
Exportera och skriva ut hela objektlistan är också menyalternativ.

Memos

Memos är vanligtvis anteckningar med kommentarar eller
instruktioner som stöd för källobjekt eller noder. Memos kan vara
fältanteckningar som först skapats utanför NVivo. Varje sådant
memo kan sedan länkas till ett visst källobjekt eller en nod. Ett
memo kan dock ej länkas till ett annat memo.

Importera ett Memo

Som andra objekt kan man antingen importera filer som memos eller skapa dem i NVivo. Följande filformat kan importeras som memos: .DOC, .DOCX, .RTF, and .TXT.

1   Gå till **External Data | Import | Memos**.
    Standard lagringsplats är mappen **Memos**.
    Gå till 5.

alternativt

1   Klicka på [**Sources**] i Område 1.
2   Välj mappen **Memos** i Område 2 eller undermapp.
3   Gå till **External Data | Import | Memos**.
    Gå till 5.

alternativt

3   Peka på tom plats i Område 3.
4   Högerklicka och välj **Import Memos...**
    eller [**Ctrl**] + [**Shift**] + [**I**].

alternativt

3   Drag-och-släpp dina filikoner från en yttre plats till Område 3.
    Gå till 5.

Dialogrutan **Import Memos** visas:

5   Med [**Browse...**] får man tillgång till en filbläddrare och kan välja en eller flera filer för samtidig import.
6   När filer valts, bekräfta med [**Öppna**].

Knappen [**More** >>] leder till flera alternativ:

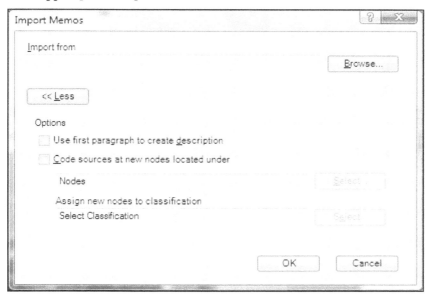

Use first paragraph to create description: NVivo kopierar första stycket i varje dokument och klistrar in det i textrutan Description.

Code sources at new Nodes located under: Varje källobjekt kommer att kodas mot en egen nod (en källnod eller Case Node) med samma namn som den importerade filen eller filerna och som lagras under en mapp eller under den toppnod som valts. Du måste också tilldela noderna en klassifikation för att utföra detta kommando (se kapitel 11, Klassifikationer).

7   Bekräfta med [**OK**].

Skapa nytt Memo
   1   Gå till **Create** | **Sources** | **Memo**.
      Standard lagringsplats är mappen **Memos**.
      Gå till 5.
alternativt
   1   Klicka på [**Sources**] i Område 1.
   2   Välj mappen **Memos** i Område 2 eller undermapp.
   3   Gå till **Create** | **Sources** | **Memo**.
      Gå till 5.
alternativt
   3   Peka på tom plats i Område 3.
   4   Högerklicka och välj **New Memo...**
      eller [**Ctrl**] + [**Shift**] + [**N**].

Dialogrutan **New Memo** visas:

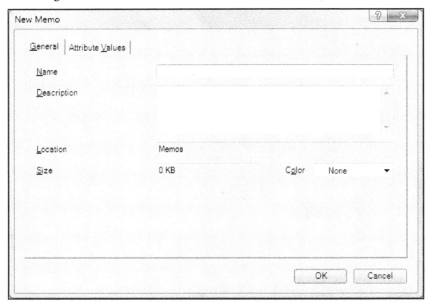

5   Skriv namn (obligatoriskt) och eventuellt beskrivning,
därefter [**OK**].

Så här kan en objektlista i Område 3 med några memos se ut:

Öppna ett Memo

1   Klicka på [**Sources**] i Område 1.
2   Välj mappen **Memos** i Område 2 eller undermapp.
3   Välj det memo i Område 3 som du vill öppna.
4   Gå till **Home | Item | Open**
     eller högerklicka och välj **Open Memo...**
     eller dubbelklicka på memot i Område 3
     eller [**Ctrl**] + [**Shift**] + [**O**].

Observera, att NVivo bara kan öppna ett memo i taget men fler
objekt kan vara öppna samtidigt.

Skapa en Memolänk

Memolänkar är speciella eftersom de utgör en tilläggsfunktion till
själva memot.

1 I objektlistan Område 3, välj ett objekt från vilket du vill
   skapa en memolänk. Du kan inte skapa en memolänk till ett
   memo som redan har är länkat.

2 Gå till **Analyze | Links | Memo Link → Link to Existing
   Memo...**
   eller högerklicka och välj **Memo Link → Link to Existing
   Memo...**

Dialogrutan **Select Project Item** visas. Endast ej länkade memos
kan väljas, länkade memos är gråade.

3 Välj det memo du vill länka till och bekräfta med [**OK**].

Memolänken visas i Område 3 med en ikon för memot och en ikon
för det länkade objektet.

Skapa en Memolänk och ett Memo samtidigt

NVivo kan på ett enkelt sätt skapa en ny memolänk och ett memo
samtidigt:

1 I objektlistan Område 3, välj det objekt varifrån du vill
   skapa en memolänk och ett memo.

2 Gå till **Analyze | Links → Memo Link → Link to New
   Memo...**
   eller högerklicka och välj **Memo Link → Link to New
   Memo...**
   eller [**Ctrl**] + [**Shift**] + [**K**].

Dialogrutan **New Memo** visas och du fortsätter enligt
anvisningarna på sidan 120.

Öppna ett länkat Memo

Ett memo kan öppnas som vi beskrivit tidigare, men ett länkat memo kan ockå öppnas från sitt länkade objekt

1 I objektlistan Område 3, välj det objekt för vilket du vill öppna det länkade memot.

2 Gå till **Analyze | Links → Memo Link → Open Linked Memo**

eller högerklicka och välj **Memo Link → Open Linked Memo**

eller **[Ctrl] + [Shift] + [M]**.

Ta bort en Memolänk

1 I objektlistan Område 3, välj det objekt för vilket du vill ta bort en memolänk.

2 Gå till **Analyze | Links → Memo Link → Delete Memo Link**

eller högerklicka och välj **Memo Link → Delete Memo Link**.

Dialogrutan **Delete Confirmation** visas:

3 Om du dessutom väljer *Delete linked memo* kommer även själva memot att tas bort, annars bara memolänken. Bekräfta med **[Yes]**.

See Also-länkar

See Also-länkar knyter samman olika objekt i ett NVivo-projekt. See Also-länkar går från en markering (text, område eller intervall) i ett objekt till ett annat objekt eller till en markering i ett annat objekt. Flera See Also-länkar kan länkas till samma objekt i motsats till en memolänk som bara kan länka *ett* memo till *ett* objekt och vice versa.

Skapa en See Also-länk till ett annat objekt

1 Öppna det objekt från vilket du vill skapa en See Also-länk.

2 Markera den text (eller område eller intervall) från vilken du vill skapa en See Also-länk.

3 Gå till **Analyze | Links → See Also Link → New See Also Link...**

eller högerklicka och välj **Links → See Also Link → New See Also Link...**

Dialogrutan **New See Also Link** visas:

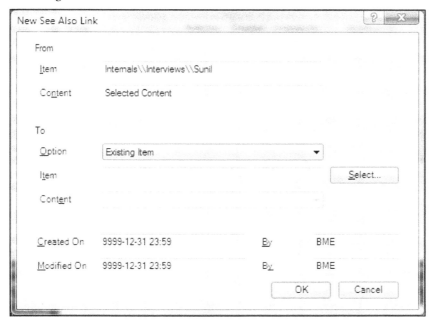

Listrutan vid **To Option** kan du ställa in på *Existing Item* och med
[**Select...**] välja vilket av existerande objekt du vill länka till. Om du
väljer ett alternativ som börjar med New kan du skapa ett nytt
målobjekt. Länkar som skapas här går till hela målobjektet.

4   Bekräfta med [**OK**].

Till exempel, i detta textobjekt är See Also-länken indikerad med som en rosafärgad markering:

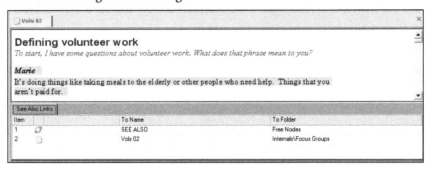

Skapa en See Also-länk till en markering i målobjektet

1. Öppna målobjektet som du vill länka till.
2. Markera den text (eller område eller intervall) som du vill länka till.
3. Kopiera med t ex [**Ctrl**] + [**C**].
4. Öppna det objekt från vilket du vill skapa en See Also-länk.
5. Markera den text (eller område eller intervall) som du vill länka från.
6. Gå till **Home | Clipboard | Paste → Paste As See Also Link**.

Öppna en See Also-länk

1. Ställ markören på länken eller markera hela länken.
2. Gå till **Analyze | Links | Se Also Links → Open To Item** eller högerklicka och välj **Links → Open To Item**.

Målobjektet öppnas och om alternativet *Selected Content* är aktiverat kommer markeringen i målobjektet att visas annars inte.

Visa eller dölja See Also-länkar

Du kan se alla See Also-länkar som tillhör ett visst objekt i ett eget fönster under det öppna objektet. Länkarna visas som en lista. När man klickar på en sådan länk öppnas den. Högerklicka och välj **Open To Item...** öppnar också länken.

1. Öppna det objekt som har en eller flera See Also-länkar.
2. Gå till **View | Links | See Also Links**.

Detta är en pendelfunktion för att visa och dölja See Also länkfönstret.

Öppna en länkad extern källa

Om en See Also-länk går till ett externt objekt kan du öppna den externa källan (extern fil eller en webbsajt direkt. Det är ofta bättre att skapa länkar till externa objekt jämfört med att skapa hyperlänkar till externa källor som kan komma att behöva uppdateras.

1   Ställ markören på länken eller markera hela länken.

2   Gå till **Analyze | Links | See Also Links → Open Linked External File**
eller högerklicka och välj **Links → Open Linked External File**.

Ta bort en See Also-länk

1   Ställ markören på länken eller markera hela länken.

2   Gå till **Analyze | Links | See Also Link → Delete See Also Link**
eller högerklicka och välj **Links → See Also Link → Delete See Also Link.**

3   Bekräfta med [**Yes**].

Annotations

Annotations och See Also-länkar är ganska lika men ändå gjorda med olika syften. När du skapar en Annotation, öppnas ett särskilt fönster i underkanten av källobjektet. En annotation kan vara en enkel notering eller en spontan tanke och länkas från ett utvalt segment i källobjektet till en egen kommentar i det nämnda fönstret. En annotation påminner om en vanlig fotnot i Word inte minst för att de också är numrerade inom källobjektet.

Skapa en Annotation

1   Öppna ett källobjekt.

2   Markera den text (eller område eller intervall) som du vill länka till en Annotation.

3   Gå till **Analyze | Annotation → New Annotation...**
eller högerklicka och välj **Links → Annotation → New Annotation**.

Ett nytt fönster öppnas där själva noteringen kan skrivas. Länken i objektet visas som en blå markering.

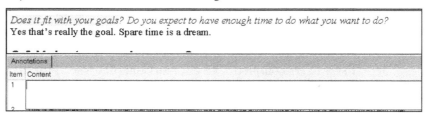

Visa eller dölja Annotations

När ett NVivo objekt har Annotations, kan du pendla mellan att visa eller dölja detta fönstret med Annotations.

1   Öppna objektet med Annotations.
2   Gå till **View | Links | Annotations**.

Detta är en pendelfunktion och inställningen är individuell för varje objekt.

Ta bort en Annotation

1   Ställ markören på länken eller markera hela länken.
2   Gå till **Analyze | Annotation | Delete Annotation**
     eller högerklicka och välj **Links → Annotation → Delete Annotation**.
3   Bekräfta med [**Yes**].

Hyperlänkar

NVivo kan skapa länkar till externa källor på två aätt:

• Hyperlänkar från ett källobjekt.
• Externa objekt (se sidan 68).

Skapa hyperlänkar

1   Markera den text (eller område eller intervall) som du vill länka från och ta bort skrivskyddet.
2   Gå till **Analyze | Links | Hyperlink → New Hyperlink...**
     eller högerklicka och välj **Links → Hyperlink → New Hyperlink...**

Dialogrutan **New Hyperlink** visas:

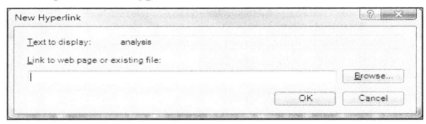

3   Klistra in en komplett URL eller använd [**Browse...**] för att finna målfilen i din dator eller i ditt lokala nätverk.
4   Bekräfta med [**OK**].

En hyperlänk är blå och understruken.

Öppna en hyperlänk

Följande tre metoder öppnar din hyperlänk:

1 Ställ markören på länken.
2 Gå till **Analyze | Links | Hyperlink → Open Hyperlink**.

alternativt

1 Peka på länken med muspekaren som då blir en pil.
2 Högerklicka och välj **Links → Hyperlink → Open Hyperlink**.

alternativt

1 Håll nere **[Ctrl]**-tangenten.
2 Klicka på länken.

Detta senare kommando kan ibland resultera i att den länkade filen (beroende av filtyp) öppnas minimerad. Då kan man antingen upprepa kommandot eller klicka på programknappen på Windows verktygsfält.

Ta bort en hyperlänk

1 Ställ markören på länken och ta bort skrivskyddet.
2 Gå till **Analyze | Links | Hyperlink → Delete Hyperlink**.

alternativt

1 Peka på länken med muspekaren som då blir en pil och ta bort skrivskyddet.
2 Högerklicka och välj **Links → Hyperlink → Delete Hyperlink**.

Dialogrutan **Delete Hyperlink** visas:

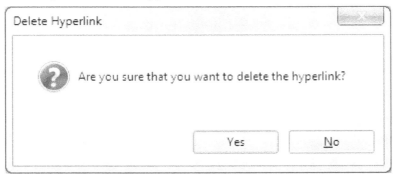

3 Bekräfta med **[Yes]**.

10. OM NODER

En nod är en samlingspunkt av något slag. I NVivo 10 innebär begreppet nod ett verktyg för att organisera och klassificera data. Man kan tänka sig att en nod är en 'behållare' för viss typ av källmaterial. Noder kan representera abstrakta begrepp, som ett tema eller en idé. Noder kan också representera mera konkreta begrepp som människor, platser eller företeelser. Tänk på att noder kan vara vad som helst som du finner meningsfullt att använda när du organiserar och klassificerar ditt material. Vissa forskare vet tämligen tidigt vilka noder de kommer att behöva. Det går att skapa noder innan studien ens börjat. Andra forskare måste hela tiden återkommande fråga sig vilka slags 'behållare' de behöver. Sättet att skapa och använda noder beror i högsta grad på metodiken, research design, forskningssituationen och den personliga läggningen.

Tidigt i ett projekt är det ofta en bra idé att identifiera ett fåtal noder som sannolikt kommer att vara användbara. Dessa tidiga noder kan du koda mot när du arbetar genom ditt material första gången. Noder kan alltid flyttas, sammanfogas, få nya namn, omdefinieras eller till och med tas bort allteftersom projektet utvecklas.

NVivo har också definierat ett system att organisera och klassificera både källobjekt och noder, se kapitel 11, Klassifikationer.

Begreppen Toppnod (*Parent Node*), Undernod (*Child Node)* och *Aggregate* används när NVivo's nodstruktur beskrivs närmare. En toppnod är den närmast högre noden i en hierarki i förhållande till sin undernod.

Aggregate[1] betyder att en viss nod på en viss hierarkisk nivå ackumulerar den logiska summan of alla närmaste undernoder. varje nod kan närsomhelat aktivera eller stänga av funktionen Aggregate med omedelbar verkan. Kommandot för Aggregate finns i dialogrutorna **New Node** och **Node Properties**.

Tematiska noder och källnoder

Vi har funnit det användbart att tidigt i ett projekt skilja mellan tematiska noder (Theme Nodes) och källnoder (Case Nodes). Tematiska noder är behållare som bygger på teman, idéer kring och förståelse av ditt projekt. Källnoder är behållare som bygger på

---

[1] *Aggregate* har för närvarande en ofullkomlighet genom att antalet referenser räknas som den aritmetiska summan av undernodernas referenser, medan det i stället skall vara den logiska summan.

konkreta företeelser eller typ av källa i projektet, som dina informanter eller andra parametrar i studien. Källnoder har vidare en möjlighet att klassificeras med meta-data som demografiska data i ett system som NVivo kallar en nodklassifikation (Node Classification). En källnod skall uppfattas som en medlem i en grupp noder som klassificeras med attribut (Attributes) och värden (Values) som avspeglar de demografiska eller beskrivande data. Källnoder kan vara människor (informanter), platser eller annan grupp av objekt med egenskaper som kan beskrivas med en viss uppsättning attribut.

En tematisk nod representerar därför i stället ett tema eller en företeelse som förekommer tvärs genom projektet. Tematiska noder representeras ofta av en hierarki. Grunden i många kvalitativa studier bygger ofta på den logiska skärningen mellan källnoder och tematiska noder. Exempel på ett sådant synsätt är nodmatriser (se sidan 193) och Framework-matriser (se sidan 227).

Intervjuer är ofta en viktig del av kvalitativa studier. Det är viktigt att ha en grundläggande förståelse för hur intevjuer på bästa sätt representeras i NVivo. Man låter själva intervjun bli ett källobjekt medan informanten blir en källnod. Dokumentet är källan och personen är noden. Demografiska data (t ex kön, ålder, utbildning etc.) knyts sedan till källnoden i form of attribut och värden. Se kapitel 11, Klassifikationer.

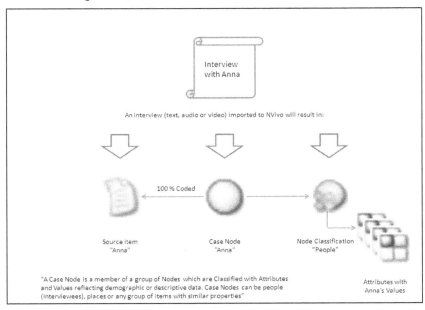

Skapa en nod

Det finns flera sätt att skapa en ny nod:
1. Gå till **Create | Nodes | Node**.
   Standard lagringsplats är mappen **Nodes**.
   Gå till 5.

alternativt
1. Klicka på **[Nodes]** i Område 1.
2. Välj mappen **Nodes** i Område 2
   eller undermapp.
3. Gå till **Create | Nodes | Node**.
   Gå till 5.

alternativt
3. peka på tom plats i Område 3.
4. Högerklicka och välj **New Node...**
   eller **[Ctrl] + [Shift] + [N]**.

Dialogrutan **New Node** visas:

Tips: Vi brukar råda våra nybörjare att skriva ner sina tankar och impulser när du börjar ditt arbete med att koda. Beskrivningsfältet i dialogrutan **New Node** är en lämplig plats att teckna ner varför du skapade noden och hur den passar in i din nodhierarki.

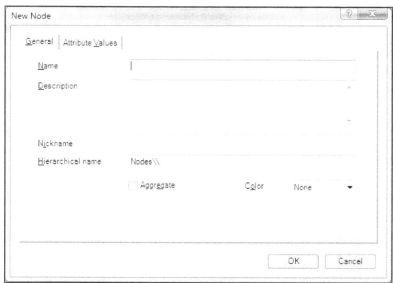

5. Skriv namn (obligatoriskt) och eventuellt alias (Nickname)
   och beskrivning, därefter **[OK]**.

Så här kan en lista i Område 3 med några noder se ut:

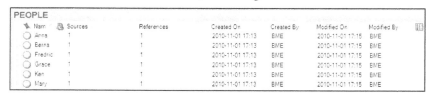

Bygga en nodhierarki

Som vi tidigare nämnt kan du bygga strukturerade nodhierarkier. Det kan alltså finnas över- och underordnade noder i en struktur med ett obegränsat antal nivåer. Noder kan därför göras som en strukturerad termlista (Thesaurus), påminnande om terminologin MeSH (Medical Subject Headings) som används bl a av databasen Medline/PubMed.

Skapa en undernod

Det är enkelt att skapa en nodhierarki av toppnoder och undernoder i NVivo:

1 Klicka på [**Nodes**] i Område 1.
2 Välj mappen **Nodes** i Område 2 eller undernod.
3 Välj den nod under vilken du vill skapa en undernod.
4 Gå till **Create | Nodes | Node**
eller högerklicka och välj **New Node...**
eller [**Ctrl**] + [**Shift**] + [**N**].
Dialogrutan **New Node** visas.
5 Skriv namn (obligatoriskt) och eventuellt alias (Nickname) och beskrivning, därefter [**OK**].

Man kan även flytta sina noder efteråt i listan Område 3 med drag-och-släpp eller klippa ut och klistra in. När man vill klistra in en nod som undernod markerar man först närmaste toppnod.

Så här kan en lista i Område 3 med några hierarkiska noder se ut:

Theme Nodes		
⚲ Name	🗐 Sources	References
◯ Defining Volunteer Work	3	3
⊕ ◯ Interview Questions	9	135
⊟ ◯ Other Themes	0	0
⚲ Name	🗐 Sources	References
⊟ ◯ Motivation and Satisfaction	12	84
⚲ Name	🗐 Sources	References
◯ Female Motivation	8	49
◯ Male Motivation	7	35

Underliggande objekt i listan kan visas eller döljas genom att klicka på + eller – symbolen till vänster om närmaste toppnod. Du kan också visa eller dölja alla eller vissa undernoder i alla nivåer genom att gå till **View | List View | List View→ Expand All (Selected) Nodes/ Collapse All (Selected) Nodes**. En användbar funktion är att visa rubrikrad för undernoder. Använd **View | List View | List View → Child Node Headers** (en pendelfunktion). När rubrikraden visas kan du ändra kolumnbredder.

Dessa menyalternativ finns även vid högerklick i Område 3: **Sort By**, **List View** och **Expand/Collapse**.

Sammanfoga noder

Varje nod kan fogas samman med en annan nod. Att foga samman två noder innebär att två noders innehåll kombineras i en logisk union.

1   Klipp ut eller kopiera en eller flera noder.
2   Välj den nod som noden ovan skall sammanfogas med.
3   Gå till **Home | Clipboard | Merge → Merge Into Selected Node**
    eller högerklicka och välj **Merge Into Selected Node**
    eller **[Ctrl] + [M]**.

Dialogrutan **Merge Into Node** visas:

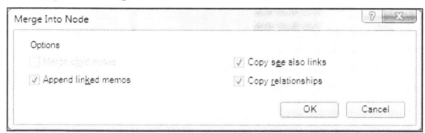

4   Välj dina alternativ, sedan **[OK]**.

Alternativt, du kan sammanfoga två eller flera noder till en ny nod:

1   Klipp ut eller kopiera två eller flera noder.
2   Välj den mapp under vilken du vill placera den nya noden.
3   Gå till **Home | Clipboard | Merge → Merge Into New Node...**
    eller högerklicka och välj **Merge Into New Node...**

alternativt

3   Välj den toppnod under vilken du vill placera den nya noden.
4   Gå till **Home | Clipboard | Merge → Merge Into New Child Node**
    eller högerklicka och välj **Merge Into New Child Node...**

> **Tips:** Om du använder *Append linked memos* kommer ett nytt memo att skapas med samma namn som den nya noden. Om de noder som sammanfogas har var sitt memo kommer nya memot att överlagra innehållet från alla memos.

Dialogrutan **Merge Into Node** visas:

5 Gör dina tillval, sedan [**OK**].

Dialogrutan **New Node** visas:

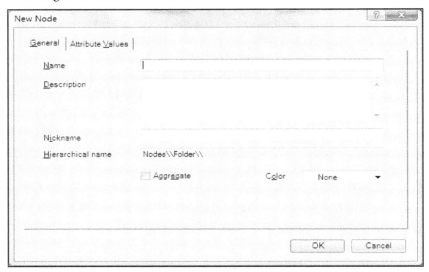

6   Skriv namn (obligatoriskt) och eventuellt alias (Nickname) och beskrivning, därefter [**OK**].

Relationsnoder

Relationsnoder är noder som indikerar att två objekt (källobjekt eller noder) står i något slags förhållande till varandra, som t ex hypotesen *Fattigdom* **påverkar** *Folkhälsan*. Data som stöder den hypotesen skulle kunna kodas mot en sådan relationsnod.

Några olika relationsslag definieras av användaren och lagras som objekt i mappen **Relationship Types** under [**Classifications**]. Relationsnoder skapas sedan som associativa, enkelriktade eller symmetriska (se nedan). Mappen **Relationships** kan inte ha undermappar och relationsnoder kan inte arrangeras hierarkiskt. Relationsnoder kan inte heller använda sig av Klassifikationer.

Skapa en Relationship Type

Innan du kan skapa relationsnoder måsta du skapa relationsslag. I exemplet ovan (*Fattigdom* **påverkar** *Folkhälsan*), kallas relationsslaget **påverkar**.

1   Gå till **Create | Classifications | Relationship Type**. Standard lagringsplats är mappen **Relationship Types**. Gå till 5.

alternativt

1   Klicka på [**Classifications**] i Område 1.
2   Välj mappen **Relationship Types** i Område 2.
3   Gå till **Create | Classifications | Relationship Type**. Gå till 5.

alternativt

3   Peka på tom plats i Område 3.
4   Högerklicka och välj **New Relationship Type...**
    eller **[Ctrl]** + **[Shift]** + **[N]**.

Dialogrutan **New Relationship Type** visas:

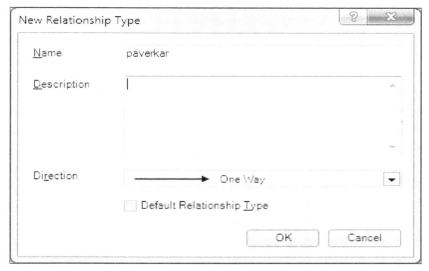

5   Välj *Associative, One Way* eller *Symmetrical* från listrutan
    vid **Direction**.
6   Skriv namn (obligatoriskt) och evetuellet en beskrivning,
    därefter **[OK]**.

Objektlistan med relationsslag i Område 3, kan se ut så här:

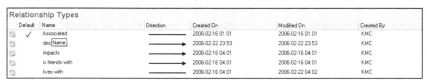

Skapa en relationsnod

När du definierat de relationsslag du behöver kan du börja skapa
relationsnoder mellan olika objekt i ditt projekt.

1   Gå till **Create | Nodes | Relationships**.
    Standard lagringsplats är mappen **Relationships**.
    Gå till 5.

alternativt

1   Klicka på **[Nodes]** i Område 1.
2   Välj mappen **Relationships** i Område 2.
3   Gå till **Create | Nodes | Relationships**.
    Gå till 5.

alternativt

3 Peka på tom plats i Område 3.
4 Högerklicka och välj **New Relationship...**
eller **[Ctrl]** + **[Shift]** + **[N]**.

Dialogrutan **New Relationship** visas:

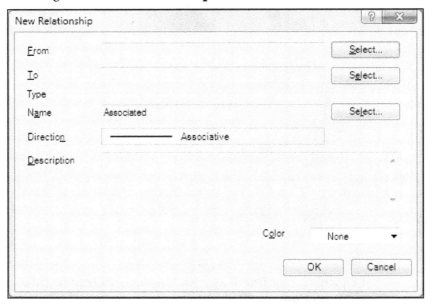

En relationsnod definerar en relation mellan två objekt, antingen källobjekt eller noder.

5 Använd **[Select...]**-knapparna för att identifeiera de objekt som skall knytas samman med din relationsnod.

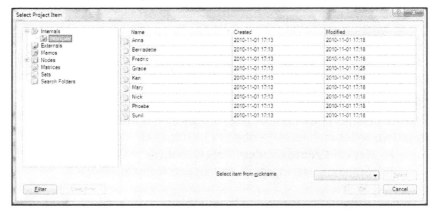

6 Välj ett frånobjekt och ett tillobjekt. Bekräfta med **[OK]**.
7 Välj ett relationsslag med **[Select...]**-knappen under **Type**.

Dialogrutan **New Relationship** kan komma att se ut så här och representera en mera konkret relation: *Anna* **lives with** *Sunil*.

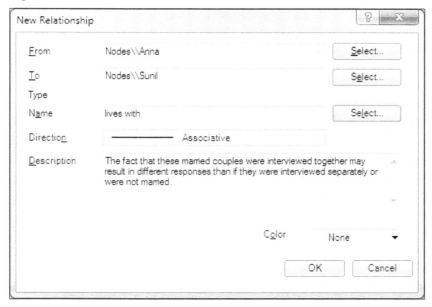

8   Bekräfta med [**OK**].
Objektlistan med relationsnoder i Område 3 kan se ut så här:

Relationships									
From Na	From Folder	Type	To Name	To Folder	Direction	Source	Referenc	Created	Modified
Anna	Cases	lives with	Sunil	Cases	——	0	0	2006-02-	2006-02-
Bernadette	Cases	is friends wit	Ken	Cases	——→	0	0	2006-02-	2006-02-
Ken	Cases	is friends wit	Bernadette	Cases	——→	0	0	2006-02-	2006-02-
time\lack o	Tree Nodes	decreases	Motivation	Free Nodes	——→	3	8	2006-02-	2006-02-
Annette	Cases	Associated	personal goa	Tree Nodes	——	0	0	2007-01-	2007-01-

Visa en relationsnod från det ena objektet

1   Öppna ett objekt i Område 3 som ingår i en relationsnod.
2   Gå till **View | Links → Relationships** som är en pendelfunktion.
Ett nytt fönster öppnas och relationen visas så här:

11. KLASSIFIKATIONER

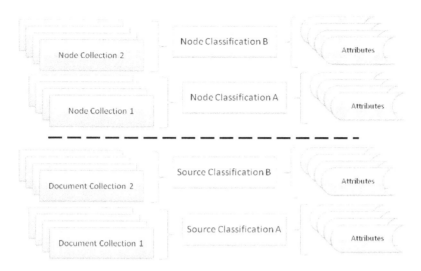

Node and Source Classifications

Noder, klassifikationer och attribut hänger samman på följande sätt.

Källobjekt innehåller primär eller sekundär data. Dessa objekt kan vara textobjekt, PDF-objekt, media-objekt eller bild-objekt.

Noder representerar ett tema, ett fenomen, en idé, en värdering, en åsikt eller någon annan slags abstraktion eller någon mera konkret företeelse som har betydelse för den aktuella studien.

Attribut representerar en karaktäristik eller egenskaper hos ett källobjekt eller en nod och som kommer att ha betydelse när du analyserar ditt material. Varje sådant attribut har en fast uppsättning **värden**. Till exempel, om kön är ett av attributen i din studie, finns det två möjliga värden: man eller kvinna.

Klassifikationer defineras av NVivo som ett samlingsnamn för en uppsättning attribut som tillämpas på vissa givna källobjekt eller noder.

Klassifikationer finns därför av två slag: Nodklassifikationer (Node Classifications) och källklassifikationer (Source Classifications). Vi kommer att visa hur man skapar klassifikationer, hur dom associeras med källobjekt och noder och hur man hanterar individuella värden. Attribut kan inte skapas utan att det finns en klassifikation. Detta kapitel går igenom hur du skapar och arbetar med en nodklassifikation, men proceduren är densamma för källklassifikationer.

Nodklassifikationer

Ett exampel: du deltar i en studie som analyserar var för sig och tillsammans elver, lärare, politiker och skolor. Det finns goda skäl att skapa individuella källnoder för alla dessa grupper:

- Attribut för elever kan vara: Ålder, kön, klass, antal syskon, samhällsklass.
- Attribut för lärare kan vara: Ålder, kön, antal utbildningsår, antal år i lärayrket, läroämnen.
- Attribut för politiker kan vara: Ålder, kön, politisk hemvist, antal år som yrkespolitiker, annan profilerin.
- Attribut för skolor kan vara: Storlek, ålder, kommunstorlek, politisk majoritet.

Var och en av dessa fyra grupper behöver sin eget uppsättning attribut, och varje attribut behöver sin uppsättning värden. Varje sådan uppsättning attribut utgör en nodklassifikation.

Källklassifikationer

Klassifikationer kan också användas för källobjekt med attribut och värden. Källklassifikationer skulle kunna behövas för vissa intervjuer som tidpunkt för en intervju vid longitudinella studier, plats eller andra parametrar. Källklassifikationer kan också användas vid litteraturöversikter, och då kan man tänka sig attribut som tidskriftnamn, typ av studie, nyckelord, år och månad, författarnamn etc.

Skapa en klassifikation

NVivo innehåller vissa mallar som hjälp att skapa klassifikationer (t ex nodklassifikationen *Person* och källklassifikationen *Reference*). Det går också att skapa en klassifikation efter egna behov:

1 Gå till **Create** | **Classifications** | **Node Classification**.
   Standard lagringsplats är **Node Classifications**.
   Gå till 5.

alternativt

1 Klicka på [**Classfications**] i Område 1.
2 Välj mappen **Node Classifications** i Område 2.
3 Gå till **Create** | **Classifications** | **Node Classification**.
   Gå till 5.

alternativt

3 Peka på tom plats i Område 3.
4 Högerklicka och välj **New Classification...**
   eller [**Ctrl**] + [**Shift**] + [**N**].

Dialogrutan **New Classification** visas:

Nu kan du välja mellan att skapa en helt egen klassifikation eller använda en av NVivo's mallar.

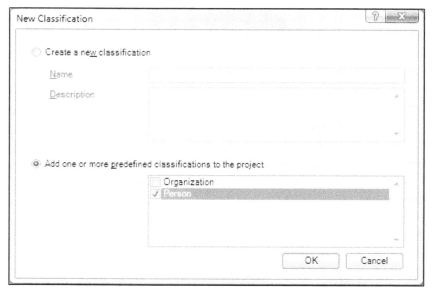

Exemplet ovan avser använda mallen *Person*.

5   Klicka på [**OK**].

Resultet ser ut så här i objektlistan i Område 3:

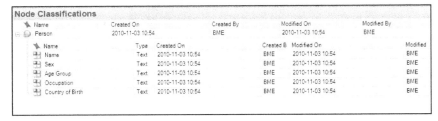

Attributen som har skapats från denna mall har från början inga andra värden än *Unassigned* och *Not Applicable*.

Modifiera en klassifikation

En klassifikation kan enkelt modifieras. Du kan skapa nya attribut eller ta bort dom som inte behövs.

1   Klicka på [**Classifications**] i Område 1.
2   Välj mappen **Node Classifications** i Område 2.
3   Välj en klassifikation i Område 3.
4   Gå till **Create | Classifications | Attributes**
     eller högerklicka och välj **New Attribute...**
     eller [**Ctrl**] + [**Shift**] + [**N**].
Dialogrutan **New Attribute** visas:

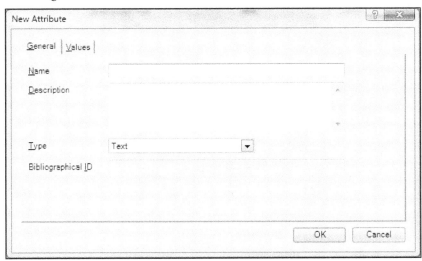

5   Skriv namn (obligatoriskt) och eventuellt en bekrivning
     och välj attributtype, sedan [**OK**].

Attributtyp indikerar vilken slags data som attributets värden har. Det finns sju olika attributtyper: **Text** betyder vilket textinnehåll som helst (t ex yrke); **Integer** betyder ett heltal utan decimaler; **Decimal** betyder ett tal med decimaler; **Time** betyder en tidsangivelse i timmar, minuter och sekunder; **Date/Time** är en

kombination av datum och tidpunkt och **Boolean** är binära data som
t ex ja eller nej; 1 eller 0.

Du kan också bestämma vilka värden som tillhör attributet.
Använd antingen dialogrutan **New Attribute** eller dialogrutan
Attribute Properties, under fliken **Values**:

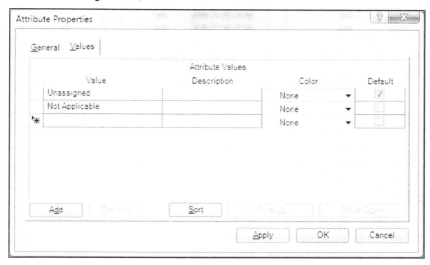

6   [**Add**] skapar en textruta där du kan skriva nya värden.
Bekräfta med [**OK**].

Till sist måste du associera klassifikationen med en nod eller flera
noder.

1   Markera en eller flera noder som skall associeras med en
klassifikation.

2   Högerklicka och välj **Classification** → <**Name of
Classification**>.

Alternativt, om du bara väjer *en* nod:

1   Markera den nod som skall associeras med en klassifikation.

2   Högerklicka och välj **Node Properties**
eller [**Ctrl**] + [**P**].

Dialogrutan **Node Properties** visas:

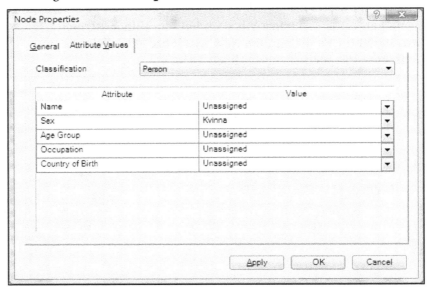

3 Använd fliken **Attribute Values**. Listrutan vid
   Classification ger dig tillgång till alla nodklassifikationer i
   pågående projekt. Välj önskad klassifikation.
4 I kolumnen *Value* kan du använda listrutan för att
   betämma idividuella värden för aktuell nod.
5 Bekräfta med [**OK**].

Arbeta med klassifikationen

En komplett klassifikation bekrivs enklast i matrisform. En sådan
matris är uppbyggd så att raderna består av källobjekt eller noder
och kolumnerna består av attribut. Cellerna innehåller värdena.

Hittills har vi visat hur du kan bygga upp en klassifikation objekt
för objekt. Det går också att arbeta i en högre nivå, nämligen genom
klassifikationsmatrisen. När en klassifikationsmatris är öppen kan du
uppdatera värden, sortera och filtrera data. Du kan också importera
och exportera data i matrisform.

1 Gå till **Explore | Classification Sheets** → **Node**
   Classification Sheets → **<Name of Classification>**.
alternativt
1 Välj en klassifikation i Område 3.
2 Högerklicka och välj **Open Classification Sheet**.
alternativt
1 Välj ett klassificerat källobjekt eller en nod i Område 3.
2 Högerklicka och välj **Open Classification Sheet**.

Nedan visas ett exempel på en klassifikationsmatris. Varje rad är ett objekt som tillhör klassifikationen *Person*, varje kolumn är ett attribut och cellen innehåller attributets värde:

Person	A : Age Group ▽	B : Country ▽	C : Ever done ... ▽	D : Gender ▽	E : Current pai... ▽	F : Education ▽
1 : Anna	20-29	Aust	Yes	Female	Student	Tertiary
2 : Bernadette	60+	Aust	Yes	Female	Retired	Secondary
3 : Fredric	30-39	Aust	Yes	Male	Management Con	Tertiary
4 : Grace	20-29	Aust	Yes	Female	Marketing	Tertiary
5 : Kalle	60+	Aust	No	Male	Retired	Secondary ▼
6 : Ken	50-59	Aust	Yes	Male	Retired	Secondary
7 : Mary	60+	Aust	Yes	Female	Retired	Secondary
8 : Nick	30-39	Aust	Yes	Male	IT	Tertiary
9 : Peter	30-39	Aust	No	Male	Marketing	Tertiary
10 : Phoebe	30-39	Aust	Yes	Female	Teacher	Tertiary
11 : Sunil	20-29	Aust	Yes	Male	Software Consult	Tertiary

När din klassifikationsmatris är öppen finns en mängd möjligheter att strukturera, betrakta och tillfälligt dölja data.

Visa/Dölja radnummer (pendelfunktion)
1 Öppna en klassifikationsmatris.
2 Gå till **Layout | Show/Hide | Row IDs**
eller högerklicka och välj **Row → Row IDs**.

Dölja rader
1 Öppna en klassifikationsmatris.
2 Välj en eller flera rader som du vill dölja.
3 Gå till **Layout | Show/Hide | Hide Row**
eller högerklicka och välj **Row → Hide Row**.

Visa/Dölja rader med filter
1 Öppna en klassifikationsmatris.
2 Klicka på 'tratten' i något kolumnhuvud
eller välj en kolumn och gå till **Layout | Sort & Filter |
Filter → Filter Row**.

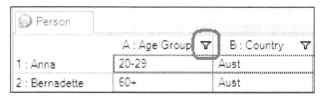

Dialogrutan **Classification Filter Options** visas:

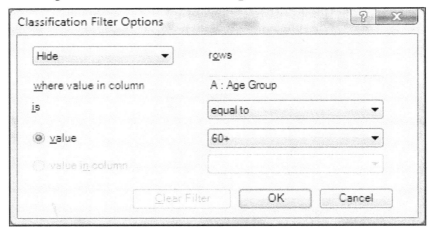

3   välj värde och operand för att visa eller dölja. bekräfta med
[**OK**]. När man använt ett filter blir 'tratten' *röd*.
För att nollställa ett filter välj [**Clear Filter**] i dialogrutan
Classification Filter Options.

Visa dolda rader
1   Öppna en klassifikationsmatris.
2   Välj en rad på vardera sidan av den dolda rad som du vill
visa.
3   Gå till **Layout | Show/Hide | Unhide Row**
eller högerklicka och välj **Row → Unhide Row**.

Visa alla rader
1   Öppna en klassifikationsmatris.
2   Gå till **Layout | Sort & Filter | Filter → Clear All Row
Filters**
eller högerklicka och välj **Row → Clear All Row Filters**.

Visa /Dölja kolumnbokstav (pendelfunktion)
1   Öppna an klassifikationsmatris.
2   Gå till **Layout | Show/Hide | Column IDs**
eller högerklicka och välj **Column → Column IDs**.

Dölja kolumner
1   Öppna en klassifikationsmatris.
2   Välj en eller flera kolumner som du vill dölja.
3   Gå till **Layout | Show/Hide | Hide Column**
eller högerklicka och välj **Column → Hide Column**.

Visa dolda kolumner
1 Öppna en klassifikationsmatris.
2 Välj en kolumn på var sida om den dolda kolumn som du
vill visa.
3 Gå till **Layout | Show/Hide | Unhide Column**
eller högerklicka och välj **Column → Unhide Column**.

Visa alla kolumner
1 Öppna en klassifikationsmatris.
2 Gå till **Layout | Sort & Filter | Filter → Clear All Column
Filters**
eller högerklicka och välj **Column → Clear All Column
Filters**.

Transponera en klassifikationsmatris (pendelfunktion)
Transponera betyder att rader och kolumner byter plats.
1 Öppna en klassifikationsmatris.
2 Gå till **Layout | Transpose**
eller högerklicka och välj **Transpose**.

Flytta en kolumn åt höger eller vänster
1 Öppna en klassifikationsmatris.
2 Välj den eller de kolumner som du vill flytta. Om du vill
flytta mer än en kolumn måste de vara närbelägna.
3 Gå till **Layout | Rows & Columns | Column → Move
Left/Move Right**.

Återställa en klassifikationsmatris
1 Öppna en klassifikationsmatris.
2 Gå till **Layout | Tools | Reset Settings**
eller högerklicak och välj **Reset Settings**.

Exportera en klassifikation

En klassifikationsmatris kan exporteras som en tabbavgränsad textfil
eller som ett Excel-ark:
1 Välj den klassifikationsmatris i Område 3 som du vill
exportera.
2 Gå till **External Data | Export → Export Classfication
Sheets...**

Dialogrutan **Export Classification Sheets** visas:

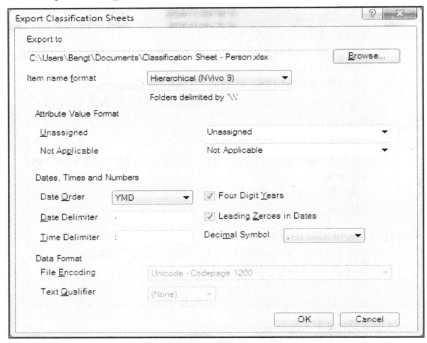

Med [**Browse...**] kan du bestämma lagringsplats, filtyp och filnamn.

3   Bekräfta med [**OK**].

Importera en klassifikation

Du kan också importera en klassifikationsmatris som tabbavgränsad textfil eller som ett Excel-ark. Alla noder, attribute och värden skapas från data i den importerade filen om de inte redan finns i NVivo.

1   Gå till **External Data | Import |**
     Import Classification Sheets
     eller klicka på [**Classifications**] i
     Område 1, peka på tom plats i

Område

3, högerklicka och välj **Import Classification Sheets...**

Tips: Ett enkelt sätt att konvertera ett Excel-ark till text är:
1   Markera hela Excel-arket.
2   Kopiera.
3   Öppna Anteckningar.
4   Klistra in i Anteckningar.
5   Spara med eget namn.

Guiden **Import Classification Sheets Wizard** – **Step 1** visas:

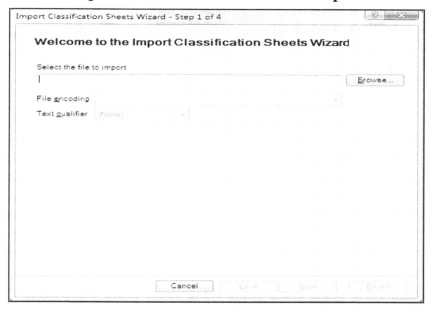

2 Med [**Browse...**] söker du filen som du vill importera.

3 Klicka [**Next**].

Guiden **Import Classification Sheets Wizard** – **Step 2** visas:

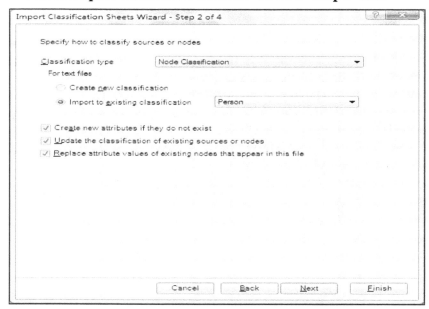

Här kan du besluta om du vill skapa en ny klassifikation eller
använda en som du redan har.

Create new attributes if they do not exist skapar nya attributför den valda klassifikationen.

Update the classification of existing sources or Nodes uppdaterar den klassifikation som redan kan finnas.

Replace attribute values of existing Nodes that appear in this file avgör om importerade värden skall ersätta de som redan finns.

    4   Klicka **Next**].

Guiden **Import Classification Sheets Wizard – Step 3** visas:

Alternativet *As names* väljs när den fil som skall importeras innehåller enbart namn. Kräver att man med [**Select**] väljer nodmapp eller toppnod för de noder som skall importeras.

Alternativet *As hierarchical names* väljs då den fil som skall importeras innehåller hela det hierarkiska namnet, se sidan 21.

Alternativet *As nicknames* väljs då den fil som skall importeras innehåller de unika alias eller Nicknames, se sidan 132.

    5   Använd *As names* och [**Select**] för att bestämma nodmapp och eventuell toppnod för de noder som skall importeras.

    6   Klicka [**Next**].

Guiden **Import Classification Sheets Wizard – Step 4** visas:

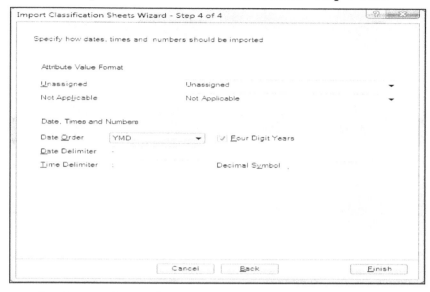

7   Bestäm format för Unassigned, Not Applicable, Dates, Times
och Numbers.

8   Bekräfta med [**Finish**].

Resultatet, en klassifikationsmatris, har följande utseende i NVivo:

Person	A : Age Group ▽	B : Country ▽	C : Ever done ... ▽	D : Gender ▽	E : Current pai... ▽	F : Education ▽
1 : Anna	20-29	Aust	Yes	Female	Student	Tertiary
2 : Bernadette	60+	Aust	Yes	Female	Retired	Secondary
3 : Fredric	30-39	Aust	Yes	Male	Management Con	Tertiary
4 : Grace	20-29	Aust	Yes	Female	Marketing	Tertiary
5 : Kalle	60+	Aust	No	Male	Retired	Secondary ▼
6 : Ken	50-59	Aust	Yes	Male	Retired	Secondary
7 : Mary	60+	Aust	Yes	Female	Retired	Secondary
8 : Nick	30-39	Aust	Yes	Male	IT	Tertiary
9 : Peter	30-39	Aust	No	Male	Marketing	Tertiary
10 : Phoebe	30-39	Aust	Yes	Female	Teacher	Tertiary
11 : Sunil	20-29	Aust	Yes	Male	Software Consult	Tertiary

Vi får också själva klassifikationen med sina attribut som den
återges i Område 3:

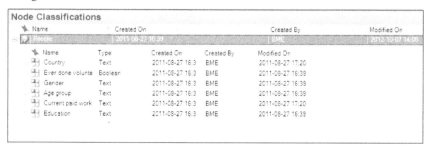

12. ATT KODA

Att koda är det arbete som innebär att referera viss del av källmaterialet till någon eller några av dina noder. Kodning kan göras på i huvudsak två sätt: *Manuell Kodning* (eller bara *Kodning*) är det arbete som användaren gör; *Autokodning* görs av programvaran och utförs genom instruktioner baserat på vissa strukturelement i källmaterialet.

Data som skall kodas kan vara från ett enstaka ord i ett dokument eller en enstaka bildruta i ett videoklipp till hela källobjekt. Noder är de begrepp, teman eller termer som du vill koda mot. Man säger vanligtvis att man kodar en viss del av en källa mot en viss nod.

Eftersom kodning är den verkligt centrala och viktigaste funktionen inom kvalitativ dataanalys erbjuder NVivo en stort antal metoder för att koda data:

- Kodverktyget
- Drag-och-släpp
- Högerklick/Menyflikar/Kortkommandon
- Autokodning
- Range coding
- In Vivo kodning
- Kodning genom sökfrågor

Här kommer några definitioner på begrepp som används i NVivo's dialogrutor och i våra instruktioner:

Code Sources betyder att allt innehåll i ett källobjekt kodas.

Code Selection betyder att ett markerat segment av ett källobjekt kodas.

Code at Existing Nodes betyder att dialogrutan Select Project Items visas för att du skall välja en eller flera noder att koda mot.

Code at New Node betyder att dialogrutan New Node visas och att du skapar och kodar mot en ny nod samtidigt.

Code at Current Node betyder att du kodar mot den eller de noder som använts senast.

Code In Vivo betyder att du direkt skapar en ny nod i mappen Nodes och noden får samma namn som den markerade texten (max 256 tecken).

Kodningsverktyget

Kodningsverktyget (The Quick Coding Bar) kan flyttas omkring på bildskärmen eller låsas fast i den lägre delen av Område 4. Du kan pendla med visa/dölja eller fastlåst/flytande genom att gå till **View | Workspace | Quick Coding** och alternativen **Hide, Docked** och **Floating**. Vi anser att kodningsverktyget är så nyttigt och lätt att arbeta med att det alltid bör vara framme!

Kodningsverktygetär aktivt så länge en markering har gjorts i ett källobjekt eller i en nod.

Listrutan vid **In** har tre alternativ: *Nodes, Relationships* and *Nicknames*. Första gången under ett nytt arbetspass väljer man vanligtvis *Nodes* och klickar på den första [...]-knappen som då visar dialogrutan **Select Location**. Här kan du välja bland nodmappar och toppnoder.

Vi har förklarat och beskrivit noder och relationsnoder i denna bok, men alias (Nicknames) förtjänar lite mera uppmärkamhet. Alias är en möjlighet att skapa 'genvägar' till dina mest använda noder. Om du t ex ger dina vanligaste noder alias kommer du att kunna hitta dom direkt på kodverktyget utan att behöva gå igenom hela din nodhierarki. Alias är också användbart för att skapa korta namn för noder som har alltför långa namn som du kanke inte vill ändra.

Efter att ha valt noder, relationsnoder eller alias, gå vidare till listrutan vid **Code At**. Denna lista innehåller alla noder som matchar förra momentet och de är alfabetiskt ordnade. Du kan också använda den andra [...]-knappen som öppnar dialogrutan **Select Project Items** och ger oss tillgång till alla noder. Du kan välja mer än en nod att koda mot. Du kan också skapa en ny nod genom att skriva ett nytt nodnamn i den högra textrutan vid **Code At**. Lagringsplats för denna nya nod bestäms av inställningarna i den vänstra textrutan vid **In**. Kommandot **[Ctrl]** + **[Q]** placerar markören i den högra textboxen vid **Code At**, som kommer att fylla i nodnamn automatiskt allteftersom du börjar skriva, ytterligare en genväg.

Listrutan vid **Code At** sparar också namnen på de nio senast använda noderna. Du hittar den listan under strecket i listan och i den ordning de senast användes.

När du markerat dina segmenet och valt dina noder, kan kodverktyget utföra följande funktioner:

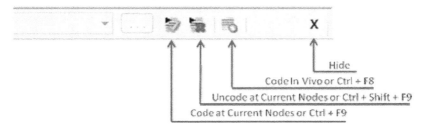

Drag-och-släpp kodning

Drag-och-släpp kodning är förmodligen det snabbaste sättet att koda. Att använda denna metod och samtidigt anpassa skärmbilden optimalt anser vi vara det mest effektiva sättet att koda.

1   Klocka på [**Sources**] i Område 1.
2   Välj den mapp i Område 2 som har det källobjekt som du vill koda.
3   Öppna källobjektet i Område 3 som du vill koda.
4   Markera den text eller bild som du vill koda.
5   Klicka på [**Nodes**] i Område 1 och välj den mapp med de noder du vill koda mot.
6   Använd vänster musknapp, och dra markeringen från källobjektet till den nod som du vill koda mot.

Använd Right Detail View för att optimera skärmbilden. Genom denna inställning blir det lättare att dra markeringarna till en nod.

Gå till **View | Workspace | Detail View → Right**
Gå till **View | Workspace → Navigation View**
(se sidan 47).

Menyflikar, högerklick och kortkommandon

Som alternativ till drag-och-släpp kodning finns flera metoder så du kommer säkert att finna den metod som passar dig bäst.

Koda ett helt källobjekt mot existerande nod

När du redan har en nod som du vill koda mot:

1   Klicka på [**Sources**] i Område 1.
2   Väl den mapp i Område 2 med det källobjekt som du vill koda mot.
3   Välj det eller de källobjekt i Område 3 som du vill koda.
4   Gå till **Analyze | Coding | Code Sources At →**
    → Existing Nodes   [**Ctrl** + [**F5**]
    → New Node   [**Ctrl** + [**F6**]

alternativt

4   Högerklicka och välj
    Code Sources →
    → Code Sources At Existing Nodes...   [**Ctrl** + [**F5**]
    → Code Sources At New Node...   [**Ctrl** + [**F6**]
    → Recent Nodes <select>

Koda ett helt källobjekt och skapa en ny nod

Ganska ofta kommer du att behöva koda och samtidigt skapa en ny nod:

1. Klicka på [**Sources**] i Område 1.
2. Välj den mapp i Område 2 som har det källobjekt som du vill koda.
3. Välj det eller de källobjekt i Område 3 som du vill koda.
4. Gå till **Create | Items | Create As → Create As Node...** eller högerklicka och välj **Create As → Create As Node...**

Det eller de valda källobjekten kommer att kodas mot en ny nod och du kommer att kunna välja i vilken mapp eller under vilken toppnod den nya noden skall placeras. Slutligen skall du ge en namn till den nya noden.

Koda ett helt källobjekt och skapa källnoder

Denna funktion kan användas när flera källobjekt skall konverteras till källnoder. Till exempel kan du skapa en lista med källnoder om du redan har importerat ett antal intervjuer .

1. Klicka på [**Sources**] i Område 1.
2. Välj den mapp i Område 2 med de källobjekt som du vill koda.
3. Välj det eller de källobjekt i Område 3 som du vill koda.
4. Gå till **Create | Items | Create As → Create As Case Nodes...** eller högerklicka och välj **Create As → Create As Case Nodes...**

De valda källobjekten kommer att kodas mot ny nod eller nya noder och dialogrutan **Select Location** gör att du kan välja under vilken mapp eller under vilken toppnod den eller de nya noderna skall placeras. En källnod för varje källobjekt kommer att skapas med samma namn som källobjektet. Dialogrutan **Select Location** gör det också möjligt att du applicerar en av de existernde nodklassifikationerna på de nya källnoderna.

Koda en markering i ett källobjekt

Medan källnoder ofta kodar hela källobjekt, brukar tematiska noder för det mesta användas för att koda ett markerat avsnitt i källobjektet:

1 Klicka på [**Sources**] i Område 1.
2 Välj den mapp i Område 2 med det källobjekt som du vill koda.
3 Öppna källobjektet i Område 3 som du vill koda.
4 Markera den text eller det område som du vill koda.
5 Gå till **Analyze | Coding | Code Selection At →**

→ **Existing Nodes** [**Ctr]l** + [**F2**]
→ **New Node** [**Ctrl**] + [**F3**]

alternativt

5 Högerklicka och välj
Code Selection →
→ **Code Selection At Existing Nodes...** [**Ctrl**] + [**F2**]
→ **Code Selection At New Node...** [**Ctrl**] + [**F3**]
→ **Code Selection At Current Nodes** [**Ctrl**] + [**F9**]
→ **Recent Nodes** <select>

Code In Vivo [**Ctrl**] + [**F8**]

Ta bort kodning av ett helt källobjekt

Eftersom kodning av kvalitativa data är en iterativ process kommer det iband behövas att man tar bort hela eller delar av den kodning som man gjort.

1 Klicka på [**Sources**] i Område 1.
2 Välj den mapp i Område 2 med det källobjekt vars kodning du vill ta bort.
3 Välj den eller de källobjekt i Område 3 vars kodning du vill ta bort.
4 Gå till **Analyze | Uncoding | Uncode Sources At →**
→ **Existing Nodes** [**Ctrl**] + [**Shift**] + [**F5**]

alternativt

4 Högerklicka och välj
Uncode Sources →
→ **Uncode Sources At Existing Nodes...** [**Ctrl** + [**Shift**] + [**F5**]
→ **Recent Nodes** <select>

Från dialogrutan **Select Project Items** väljer du den nod vars kodning skall tas bort.

Ta bort kodning av en markering i ett källobjekt

1   Klicka på [**Sources**] i Område 1.

2   Välj den mapp i Område 2 med det källobjekt vars kodning du vill ta bort.

3   Öppna det källobjekt i Område 3 vars kodning du vill ta bort.

4   Markera den kodning du vill ta bort.

5   Gå till **Analyze** | **Uncoding** | **Uncode Selection At →**

     → Existing Nodes   **[Ctrl] + [Shift] + [F2]**

alternativt

5   Högerklicka och välj

     Uncode Selection → <select>

     → Uncode Selection At Existing Nodes...[Ctrl] + [Shift] + [F2]

     → Uncode Selection At This Node   **[Ctrl] + [Shift] + [F3]**

     → Uncode Selection At Current Nodes   **[Ctrl] + [Shift] + [F9]**

     → Recent Nodes <select>

Dialogrutan **Select Project Items** gör att du kan välja den nod vars kodning skall tas bort.

Autokodning

I början av detta kapitel nämnde vi att vi skulle diskutera två huvudformer av kodning, nämligen *Manuell Kodning* and *Autokodning*. Den senare formen av kodning bygger på att använda format- eller rubrikmallar (Rubrik 1, Rubrik 2, osv.) för att skapa en hierarkisk nodstruktur. Autokodningen bildar noder av varje rubrik med namn efter texten i rubriken. Varje sådan nod kodar själva rubriken och den text som finns därunder fram till nästa rubrik. Om flera källobjekt autokodas samtidigt skapas en gemensam nodhierarki och då samma rubrikmall och rubriktext förekommer bildas gemensamma noder för flera källobjekt. En praktisk nytta av detta är att använda egna malldokument i Word som anpassats efter ett frågeformulär för intervjuer. Autokodning kan användas på välstrukturerade, utskrivna intervjuer :

> **Visste du?** Vår webbsajt har några dokumentmallar för Word som är till stor hjälp vid autokodning. Gå till: www.formkunskap.se

1   Klicka på [**Sources**] i Område 1.

2   Välj mapp i Område 2 med källobjekt som du vill autokoda.

3   Välj det eller de källobjekt i Område 3 som du vill autokoda.

4   Gå till **Analyze** | **Code** | **Auto Code** eller högerklicka och välj **Auto Code...**

Dialogrutan **Auto Code** visas:

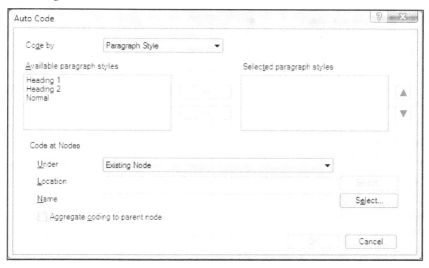

Först måste du besluta vilka formatmallar som skall användas för att bygga upp den nya nodstrukturen. NVivo kommer att finna alla formatmallar som används bland de utvalda källobjekten. Formatmallarna som skall användas förs över till högra rutan med knappen [>>]. Alternativet *Existing Node* medger att du kan välja en existerande toppnod under vilken de nya noderna kommer att placeras. Om du väljer *New Node* då får du namnge en ny toppnod under vilken de nya noderna kommer att placeras. I båda fallen kommer alla nya undernoder att få namn efter den rubriktext som finns i resektive rubrikmall (Rubrik 1, Rubrik 2 osv).

Om du väljer Code by *Paragraph* varje stycke kommer att kodas separat och namnen på noderna blir efter ordningtalet i styckenumreringen.

5   Bekräfta med [**OK**].

\- ◆ -

Det är också möjligt att autokoda skrivrader i mediaobjekt. Antag att vi har ett mediaobjekt där skrivraderna har två egna kolumner, Speaker and Organization:

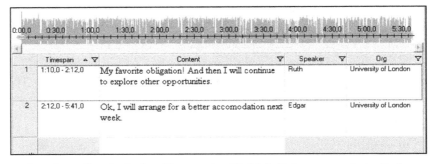

Om du väljer **Code by** *Transcript Fields* i dialogrutan Auto Code
kommer innehållet i dessa egna kolumner att bli nya noder:

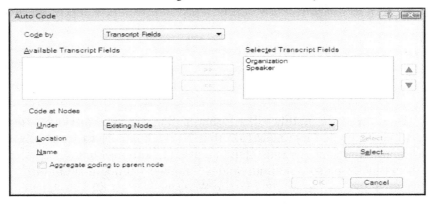

I detta exempel kommer *University of London* att bli en toppnod
och *Ruth* och *Edgar* bli undernoder och det som är skrivet i dessa
skrivrader i kolumnen Content blir den kodade texten .

Range Coding

Range coding är ett annat rationellt sätt att koda vissa källobjekt.
Denna metod använder styckenumreringen i ett dokument eller
radnumren i ett mediaobjekt.

Tillgängliga alternativ beror på vilken typ av källobjekt som valts
för range coding. Kommandot är **Analyze | Coding | Range Code**
alternativt högerklicka och välj **Range Code...** Du fyller alltså i
nummer på de stycken eller skrivrader som du vill koda och vid
Code at använder du knappen [**Select...**] för att välja en eller fler
existerande noder att koda mot.

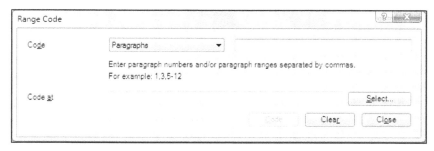

Kodningen verkställs med [**Code**].

In Vivo kodning

In Vivo kodning är term som etablerades inom den kvalitativa forskningen långt innan speciella programvaror existerade. In Vivo kodning går ut på att en ny nod skapas baserad på en markering av text för att sedan genom kommandot *In Vivo* blir den markerade texten det nya nodnamnet (max 256 tecken). Den nya noden placeras alltid i mappen **Nodes**. Nodnamn och lagringsplats kan ändras senare.

> **Tips**: Använd In Vivo-kodning så här: markera en rubrik i ditt källobjekt med en text som blir nodnamnet. Använd kommandot *In Vivo*. Fortsätt att koda med kodningsverktyget.

1 Markera den text du vill In Vivo-koda.
2 Gå till **Analyze | Coding | Code In Vivo** eller högerklicka och välj **Code In Vivo** eller [**Ctrl**] + [**F8**].

Du kan också använda kodverktyget som vi beskrev tidigare in detta kapitel.

Kodning genom sökfrågor

Sökfrågor (Queries) kan instrueras att spara sina resultat. Det sparade resultatet är en nod och skapas i det ögonblick sökfrågan körs, se kapitel 13, Sökfrågor.

Hur visas kodningen?

Öppna en nod

1 Klicka på [**Nodes**] i Område 1.
2 Välj mappen **Nodes** i Område 2 eller undermapp.
3 Välj den nod i Område 3 som du vill öppna.
4 Gå till **Home | Item | Open → Open Node** eller högerklicka och välj **Open Node...** eller dubbelklicka på noden i Område 3 eller [**Ctrl**] + [**Shift**] + [**O**].

Varje nod som öppnas visas i Område 4 och kan därför visas låst eller flytande. Nodfönster har alltid ett visst antal flikar till höger för att man skall kunna betrakta materialet på olika sätt. Om noden bara har kodat ett textobjekt finns dessa tre flikar till höger: *Summary, Reference* och *Text.*

Fliken *Reference* öppnas alltid först när en nod öppnas:

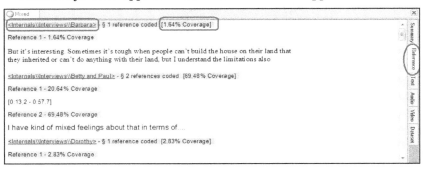

Länken med namnet på källobjektet överst i bild kan öppna källobjektet i Område 4. Du kan också peka på eller göra en markering och sedan gå till **Home | Item | Open → Open Referenced Source** eller högerklicka och välja **Open Referenced Source**. När ett källobjekt öppnas genom en nod på detta sätt är kodad text i källobjektet markerad med gulbrunt.

Med *References coded* menas ett kodat segment (t ex ett textsegment) av källobjektet.

Med *Coverage* menas att noden motsvarar en viss procent av hela källobjektet mätt i antal tecken.

Visa/dölja referenser till källobjet

1 Öppna en nod.
2 Gå till **View | Detail View | Node → Coding Information**.
3 Avmarkera *Sources, References* eller *Coverage*.

Alternativet *Sources* döljer referensen till källobjekten och information om referensstycken och källobjektets kodade procentandel av hela objektet.

Alternativet *References* döljer informationen om varje referensstycke och dess kodade procentandel av hela objektet.

Alternativet *Coverage* döljer informationen om hela källobjektets kodade procentandel av hela objektet.

Presentationen kan ändras på flera sätt genom **View | Detail View | Nodes → Coding Context, Coding By Users, Coding Summaries, Coding Excerpt & Node Text**.

Visningsläge *Summary* visar alla kodade dokument som en lista med genvägar och varje sådan genväg är klickbar:

Visningsläge *Text* visar alla kodade dokument som ikoner i ett övre delfönster av Område 4 och en markering (enkelklick) på en sådan ikon visar aktuell kodad text för enbart detta dokument. Dubbelklick på ikonen öppnar dokumentet med aktuell kodad text markerad gulbrun:

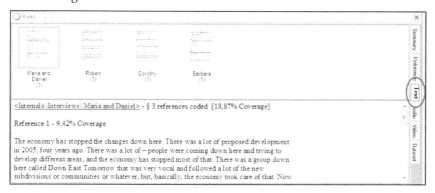

Visningsläge *Audio* är ordnat så att man direkt kan spela upp de kodade avsnitten och läsa de kodade skrivraderna i ett audioobjekt :

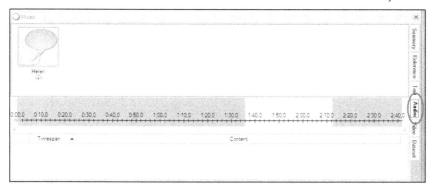

Visningsläge *Video* är ordnat så att man direkt kan spela upp de kodade avsnitten och läsa de kodade skrivraderna i ett videoobjekt:

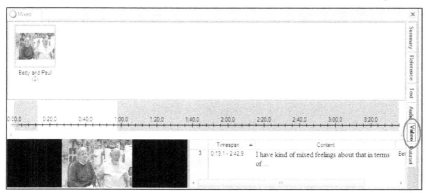

Visningsläge *Picture* visar kodade bildutsnitt och kodade skrivrader i ett bildobjekt:

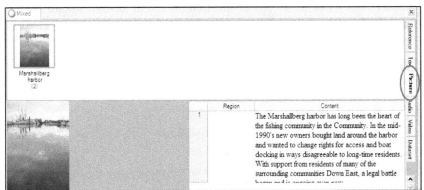

Visningsläge *Dataset* visar de kodade avsnitt av ett Dataset:

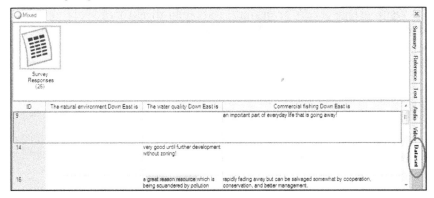

Visa sammandrag - Coding Excerpt

1 Öppna en nod.
2 Gå till **View | Detail View | Node → Coding Excerpt**.
3 Välj *None, Start* eller *All*.

Alternativet *None*:

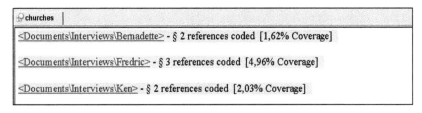

Alternativet *Start*:

```
🔍 churches |
<Documents\Interviews\Bernadette> - § 2 references coded [1,62% Coverage]

Reference 1 - 0,83% Coverage

 I also volunteer for half a day a week keeping our little community church on the go.

Reference 2 - 0,78% Coverage

Church committees, school committees, community groups, wildlife rescue service
```

Alternativet *All* är standard (default) och har visats tidigare.

Visa sammanhang - Coding Context

1   Öppna en nod.
2   Markera den text eller det avsnitt som du vill visa i sitt sammanhang.
3   Gå till **View | Detail View | Node → Coding Context** eller högerklicka och välj **Coding Context**.
4   Välj[2] *None, Narrow, Broad, Custom*... eller *Entire Source*.

Exempel när man använder alternativet *Broad* för en nod som kodar ett textobjekt:

```
🔍 churches |
<Documents\Interviews\Bernadette> - § 2 references coded [1,62% Coverage]

Reference 1 - 0,83% Coverage

a day every second week I volunteer for the Tourist Welcome centre, and also about a day a
week representing consumers and carers on various Mental Health committees. In an average
week I spend about 12 hours looking after injured wildlife. (This changes according to the
season – the stone curlew breeding season is particularly busy time for us.) I also volunteer
for half a day a week keeping our little community church on the go. So – adding that all up:
about three and a half days per week – half my time – is volunteer work.
```

---

[2] Definitionen *Narrow* och *Broad* bestäms under fliken **General** i dialogrutan **Application Options**, se sidan 36. Alternativet *Custom* kan ändra dessa inställningar för ett enskilt fall.

Exempel på när man använder alternativet *Broad* för en nod som kodar ett audioobjekt. Uppspelning är möjlig för intervallet inklusive det indikerade sammanhanget.

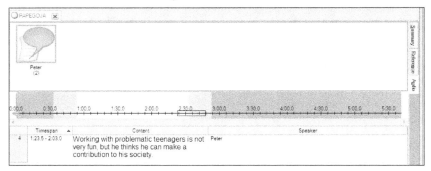

Exempel på när man använder alternativet *Narrow* för en nod som kodar ett bildobjekt.

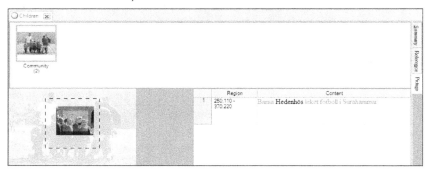

Markera kodning – Highlighting Coding

Den kodade texten eller avsnittet i ett källobjekt kan visas med gulbrun markering. Inställningar för sådan visning är individuella för varje källobjekt och sparas tillfälligt under pågående arbetspass. När ett projekt stängs och öppnas på nytt är alla dessa åter nollställda.

1 Gå till **View** | **Coding** | **Highlight**.
Det finns många alternativ:

None	Markering stängs av.
Coding For Selected Items...	Select Project Items visar aktiva noder, övriga är gråade.
Coding for All Nodes	Visar markering för samtliga noder som kodat objeket.
Matches For Query	Markering av de sökord som använts vid Text Search Queries.
Select Items...	Öppnar Select Project Items för eventuell ändring av valda noder.

Kodlinjer - Coding Stripes

I ett källobjekt eller en nod kan man visa aktuell kodning som vertikala kodlinjer i ett separat fönster till höger om texten. Kodlinjer kan visas vare sig objektet är skrivskyddat eller ej. Men om man visar kodlinjer och sedan börjar editera i objektet blir kodlinjefönstret gråat och återtar sitt ursprungliga utseende efter att man klickat på Refresh-länken högst upp i fönstret..

1 Gå till **View** | **Coding** | **Coding Stripes**
Det finns många alternativ:

None	Kodlinjer stängs av.
Selected Items...	Visas när kodlinjer valts.
Nodes Most Coding	Visar de mest förkommande noderna.
Nodes Least Coding	Visar de minst förekommande noderna.
Nodes Recently Coding	Visar de noder som nyligen använts.
Coding Density Only	Visar enbart Coding Density Bar.
Selected Items	Öppnar Select Project Items med enbart aktiva noder, övriga är gråade.
Show Items Last Selected	Visar de noder som senast använts.
Number of Stripes...	Antal kodlinjer (7 - 200).

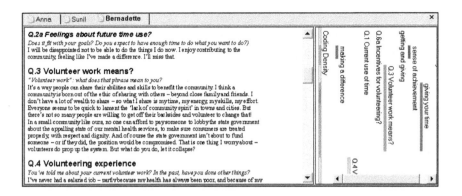

Vad kan man göra med kodlinjer?

När du pekar på och högerklickar på en kodlinje har du följande alternativ att välja bland: **Highlight Coding, Open Node..., Uncode, Hide Stripe, Show Sub-Stripes, Hide Sub-Stripes** och **Refresh**.

Enkelklick på en kodlinje markerar (gulbrunt) motsvarande kodning i källobjeket och dubbelklick öppnar själva noden.

När man pekar på en kodlinje visas namnet och användaren i en liten flytande textruta. När man pekar på Coding Density Bar visas alla nodnamn som använts vid den punkten.

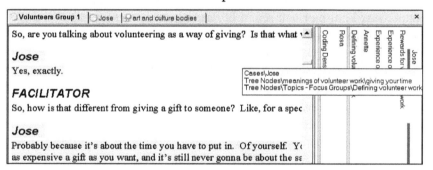

Färgmärkning av kodlinjer

Färgerna på kodlinjerna väljs automatiskt av NVivo om inte användaren gör egna inställningar. Läs mer om detta på sidan 23.

1   Visa kodlinjer och använd något av alternativen ovan.
2   Gå till **View | Visualization | Color Scheme → Item Colors**.

Noder som inte har egna färger kommer att visas utan färg.

Utskrift med kodlinjer
Se kapitel 5, avsnitt Utskrift med kodlinjer (sidan 81).

Charts
Charts är en sätt att visa grafiskt hur källobjekt är kodade. Den generella metoden att skapa Charts är att använda guiden för Charts, the Chart Wizard.

    1   Gå till **Explore** | **Visualizations** | **Chart**.

Guiden **Chart Wizard – Step 1** visas:

    2   Klicka [**Next**].

Guiden **Chart Wizard – Step 2** visas och alternativen är:

Coding (Create a chart for coding) and the alternatives are:
    Coding for a source
    Coding by attribute value for a source
    Coding by attribute value for multiple sources
    Coding for a Node
    Coding by attribute value for a Node
    Coding by attribute value for multiple Nodes

Sources (Create a chart for sources) and the alternatives are:
Sources by attribute value for an attribute
Sources by attribute value for two attributes

Nodes (Create a chart for Nodes) and the alternatives are:
Nodes by attribute value for an attribute
Nodes by attribute value for two attributes

Option	Comments
Coding for a source	Compare the Nodes used to code a particular source. For example, chart any source to show the Nodes which code it by percentage of coverage or number of references.
Coding by Node attribute value for a source	Show coding by Node attribute value for a source. For example chart a source to show coding by one or more Node attribute values.
Coding by Node attribute value for multiple sources	Show coding by Node attribute value for multiple sources. For example chart two or more sources to show coding by one or more Node attribute values.
Coding for a Node	Look at the different sources that atre coded at a Node. For example, chart any Node to see which sources are coded at the Node and their corresponding percentage of coverage.
Coding by Node attribute value for a Node	Show coding by attribute value for a Node. For example, chart a Node to show coding by one or more attribute values.
Coding by Node attribute value for multiple Nodes	Show coding by attribute value for multiple Nodes. For example, chart two or more Nodes to show coding by one or more attribute values.
Sources by attribute value for an attribute	Display sources by attribute value for an attribute. For example chart an attribute to see how the sources which have that attribute are distributed across the attribute values.
Sources by attribute value for two attributes	Display sources by attribute value for two attributes. For example chart two attributes to see how the sources which have those attributes are distributed across the attribute values.
Nodes by attribute value for an attribute	Display Nodes by attribute value for an attribute. For example chart an attribute to see how the Nodes which have that attribute are distributed across the attribute values.
Nodes by attribute value for two attributes	Display Nodes by attribute value for two attributes. For example chart two attributes to see how the Nodes which have those attributes are distributed across the attribute values.

3   Klicka [**Next**].

170

Guiden **Chart Wizard** – **Step 3** visas:

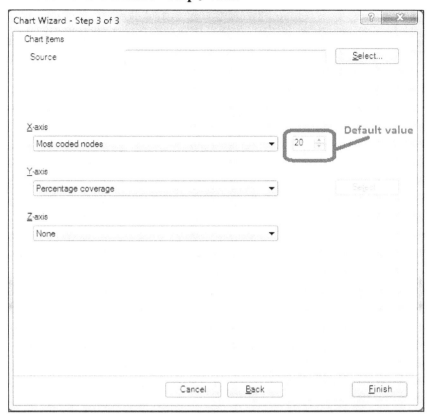

4   Använd [**Select**] för att välja det objekt som du vill
     visualisera, sedan [**Finish**].
Resultatet kan se ut så här:

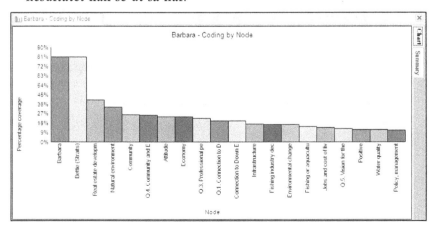

Menyfliken **Chart** öppnas när matrisen visas i detta läge och gör det möjligt att ändra formatering, zooma och rotera. Genom att gå till **Chart | Type** visar rullgardinsmenyn följande:

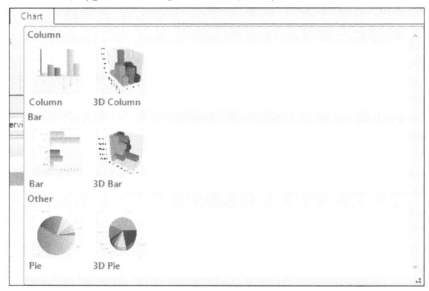

Här kan du alltså välja mellan att skapa liggande eller stående stapeldiagram eller pajdiagram.

Vad kan man mera göra med Charts?

- Peka på en stapel och du kan läsa exakt coverage i %.
- **Chart <Source Item> Coding**:
  Dubbelklick a på en stapel och den valda noden öppnas med aktiv markering för det aktuella källobjektet.
- **Chart Node Coding**:
  Dubbelklick a på en stapel och den det valda källobjektet öppnas med aktiv markering för den aktuella noden.

Fliken *Summary* visar en nodlista med respektive coverage i %:

Node	Percentage coverage
Nodes\\Attitude	24.00%
Nodes\\Attitude\Positive	11.77%
Nodes\\Autocoded Responses\\Autocoded Interview Questions\Q.	19.86%
Nodes\\Autocoded Responses\\Autocoded Interview Questions\Q.	22.36%
Nodes\\Autocoded Responses\\Autocoded Interview Questions\Q.	25.31%
Nodes\\Autocoded Responses\\Autocoded Interview Questions\Q.	12.71%
Nodes\\Community	25.88%
Nodes\\Community\Connection to Down East	19.86%
Nodes\\Economy	23.95%
Nodes\\Economy\Fishing or aquaculture	14.80%
Nodes\\Economy\Fishing or aquaculture\Fishing industry decline	16.57%
Nodes\\Economy\Jobs and cost of living	13.68%

- ♦ -

Under ett arbetspass kan du också starta från Område 3:

1   Välj det objekt i Område 3 som du vill visualisera.
2   Gå till **Explore | Visualizations | Chart → Chart <Item type> Coding**
    eller gå till **Explore | Visualizations | Chart → Chart <Item type> by Attribute Value**.

alternativt

2   Högerklicka och välj **Vizualize → Chart <Item type> Coding** eller **Chart <Item type> by Attribute Value**.

Grafiken visas så snart du valt **Chart <Item type> Coding**. Om du valt **Chart <Item type> by Attribute Value** kommer dialogrutan **Chart Options** visas (samma dialogruta som **Chart Wizard – Step 3**). Härifrån går du vidare som vi redogjort ovan. Denna grafik kan inte sparas som objekt i din projektfil, men kan exporteras i något av följande format: .JPG, .BMP, eller .GIF.

1   Skapa ett Chart.
2   Gå till **External Data | Export | Export → Export Chart**
    eller högerklicka i grafen och välj **Export Chart**
    eller **[Ctrl] + [Shift] + [E]**.
3   Använd filbläddraren för att bestämma lagringsplats, filtyp och filnamn, sedan **[Save]**.

Om du vill visa mer än 20 objekt i ett Chart, gör så här:

1   Skapa ett Chart.
2   Gå till **Chart | Options | Select Data**.

Dialogrutan **Chart Options** visas:

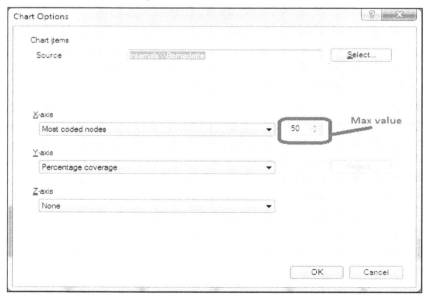

3   Ändra inställningarna, sedan **[OK]**.

173

Visa en nod som kodar ett PDF objekt

PDF objektet

Ett kodat PDF-objekt med aktiverade kodlinjer kan se ut så här. Innehållet i vänstra panelen beror på PDF-filen som importerats och kan visas eller döljas genom att gå till **View** | **Window** | **Bookmarks**, en pendelfunktion:

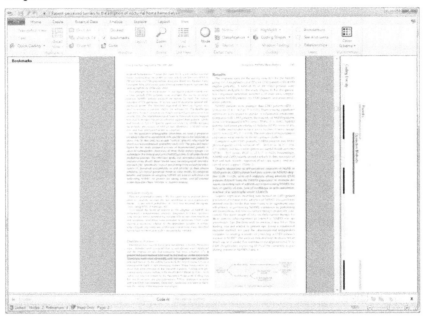

När du behöver koda hela PDF-objektet med något av följande kommandon: '**Code Sources at <Node>**' eller '**Create As Node**' eller '**Create As Case Nodes**' räknas antalet referenser i en nod så här:

All text är en referens och varje sida är ett område.

Noden

En nod som kodar ett PDF-objekt visar data på följande sätt och under dessa flikar: Summary, Reference och PDF på följande sätt:

Fliken **Summary** inkluderar PDF-objeket som en genväg bland andra kodade källobjekt.

Fliken **Reference** visar kodad text oformaterad (plain text) och kodade områden som koordinater:

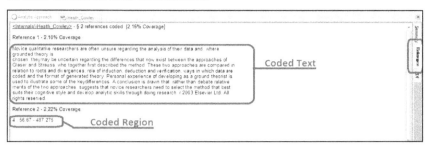

Fliken **PDF** visar kodad text och kodade områden som genomskinliga fönster i PDF:ens originallayout. Sidor utan kodning visas ej:

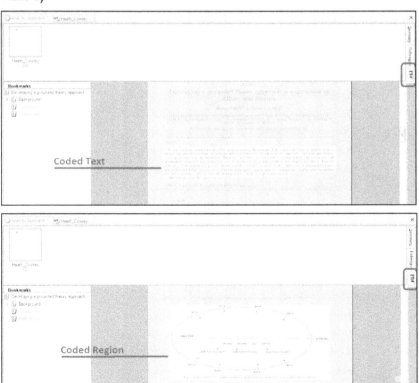

13. SÖKFRÅGOR

Detta kapitel handlar om hur man skapar och aktiverar olika slag av sökfrågor. Vi har erfarit att nya NVivo-användare ibland blir lite avskräckta av dessa sökfrågor. Många olika typer av sökfrågor finns och det kan ta lite tid innan man börjar använda dem effektivt. Kom ihåg att alla typer av sökfrågor kanske inte är rätt för alla projekt, men när du först lärt dig de ingående elementen i denna teknik så ser du att logiken upprepar sig. Du kommer att inse att sökfrågor är enkla robusta verktyg med stor användbarhet när du gått igenom detta kapitel.

När du skapar en sökfråga, måste du först bestämma om sökfrågan skall sparas som ett objekt i mappen **Queries** i Område 2. Avgörande för att skapa ett objekt är alternativet *Add to Project* som alltid finns tillgängligt i dialogrutorna **New <Type> Query** eller **<Type> Query Properties**. Därmed ger man ett namn till sökfrågan. Vi rekommenderar att rutinmässigt använda *Add to Project* bl a för att kunna redigera och återanvända sökfrågor. Sökfrågorna blir alltså objekt, vilket innebär att de kan kopieras, klippas ut och klistras in och flyttas bland mappar som är avsedda för sökfrågor. Sökfrågor skapas i en dialogruta, New Query, där du kan göra en mängd olika inställningar för varje sökfråga. Och till sist måste du köra (run) sökfrågan för att kunna se dess resultat. Det går förstås att skapa en sökfråga utan att aktivera den när man t ex vill aktivera den vid senare tillfälle.

Du kan komponera enkla sökfrågor som skall finna särskilda element eller viss text. Du kan också komponera sökfrågor som kombinerar sökord med noder eller kombinerar flera noder. Resultatet av sökfrågor som bygger på sökord och noder kan generera nya noder, sets eller visualiseringar som Word Clouds. Du kan också sammanfoga resultat med existerande noder.

NVivo omfattar sju olika typer av sökfrågor, Text Search Queries, Coding Queries, Matrix Coding Queries, Word Frequency Queries, Compound Queries, Group Queries och Coding Comparison Queries. Den sistnämnda diskuterar vi i kapitel 22, Om Teamwork. Hur man sparar, redigerar, flyttar och tar bort en sökfråga samt hur man granskar eller sparar resultatet behandlar vi i nästa kapitel, Gemensamma frågefunktioner.

Word Frequency Queries

Med Word Frequency Queries kan du skapa en lista av de mest förekommande orden bland utvalda källobjekt eller noder.

1 Gå till **Query | Create | Word Frequency**
Standard lagringsplats är mappen **Queries**.
Gå till 5.

alternativt

1 Klicka på **[Queries]** i Område 1.
2 Välj mappen **Queries** i Område 2 eller undermapp.
3 Gå till **Query | Create | Word Frequency**
Gå till 5.

alternativt

3 Peka på tom plats i Område 3.
4 Högerklicka och välj **New Query** → **Word Frequency**.
Dialogrutan **Word Frequency Query** visas:

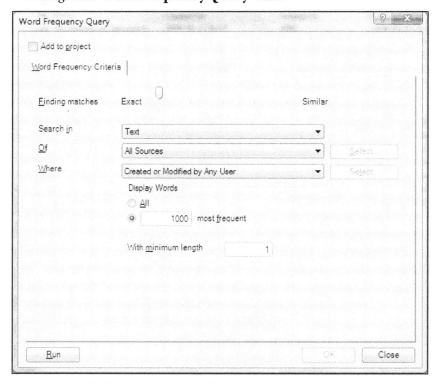

Reglaget **Finding matches** är detsamma som beskrivs under Text Search Queries (se sidan 183).

5 När du anger *Selected Items* från listrutan vid **Of** och knappen **[Select...]** leder dig till dialogrutan **Select Project Items** väljer du vilka objekt din sökfråga gäller.

6   När objekt och andra alternativ har ställts in, klicka på
    [Run].
Resultatet kan se ut så här i visningsläge *Summary.*

Word	Length	Count	Weighted Percentage (%)
volunteer	9	308	1.55
work	4	287	1.44
time	4	280	1.41
what	4	255	1.28
have	4	247	1.24
about	5	238	1.20
like	4	232	1.17
volunteering	12	185	0.93
your	4	177	0.89
volunteers	10	172	0.87
people	6	170	0.86
think	5	165	0.83
some	4	129	0.65
just	4	125	0.63

Välj *ett* ord (du kan bara välja *ett*), och följande alternativ visas:
- *Open Node Preview* (eller dubbelklicka eller kortkommando
  [Ctrl] + **[Shift]** + **[O]**)
  Öppnar en nod i preview med sökorden och dess synonymer
  markerade och med Narrow Coding Context (5 ord)
  aktiverad.
- *Run Text Search Query*
  Dialogrutan Text Search Query visas med sökorden och dess
  synonymer inlagda som sökkriterium. Inställningen vid
  Selected Items ärvs från dialogrutan Word Frequency Query.
  Dialogrutan Text Search Query kan redigeras innan du kör
  den. Se även sidan 181 om vad du kan göra med med Text
  Search Queries.
- *Export List...*
- *Print List...*
- *Create As Node...*
  Skapar en nod med kodade sökord och dess synonymer och
  med Narrow Coding Context (5 ord) aktiverad. Inställningen
  för Context Setting bibehålls i mappen Nodes eller
  undermapp under pågående arbetspass.
- *Add to Stop Words List*[3]

---

[3] Alternativt: Gå till **Query | Actions | Add to Stop Word List**

Visningsläge *Tag Cloud* visar resultatet av din sökfråga på ett annat sätt:

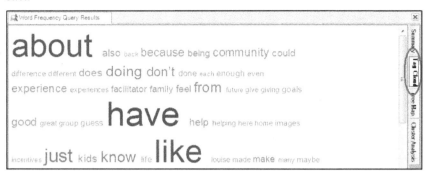

Tag Cloud visar högst 100 ord. Storleken på typsnittet avspeglar ordens förekomst. Ord sorteras alfabetiskt och inkluderar ord med samma stam och synonymer om inställningen gjorts så i Word Frequency Query. Klicka på ett ord och en Text Search Query skapas och körs med resultatet som Node preview.

Visningsläge *Tree Map* visar resultatet av din sökfråga på detta sätt:

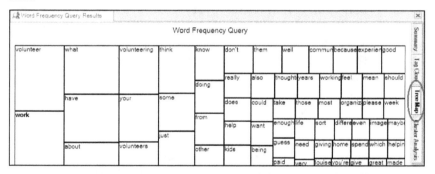

Tree Map visar höst 100 ord. Storleken på ytan av varje element avspeglar ordens förekomst. Klicka på ett ord och en Text Search Query skapas och körs med resultatet som Node preview. Läs mer om Tree Maps på sidan 311.

Visningsläge *Cluster Analysis* visar resultatet av din sökfråga så här:

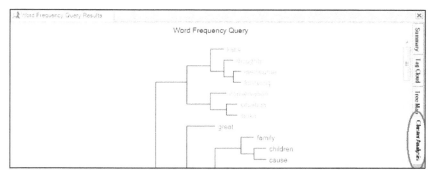

Cluster Analysis visar högst 100 ord. Ord med liknade förkomst visas tillsammans. Vid detta visningsläge öppnas menyfliken **Cluster Analysis** och du kan välja mellan alternativen 2D Cluster Map, 3D Cluster Map, Horizontal Dendrogram eller Vertical Dendrogram. genom att gå till **Cluster Analysis | Options | Select Data** kan du välja vilken typ av koefficient du vill använda. Om du anger **Cluster Analysis | Options → Word Frequency** medan du använder 2D eller 3D Cluster Maps kommer storleken av symbolerna avspegla ordens förekomst. Alternativet **Cluster Analysis | Options → Clusters** är ett tal mellan 1 och 20 (10 är grundinställning) innbär antal färger som används i Cluster-diagrammen .

Tag Clouds, Tree Maps och Cluster Analysis kan också användas så här: Välj ett ord i en av dessa grafer, högerklicka och menyn är densamma som redovisades på sidan 179. Endast Cluster Analysis har två unika alternativ: Copy (hela bilden) och Select Data (Pearson, Jaccard's eller Sørensen's coefficients).

Läs mer om Cluster Analysis på sidan 307.

Text Search Queries

Text Search Queries används för att söka vissa ord eller fraser bland utvalda källobjekt :

1 Gå till **Query | Create | Text Search**
    Standard lagringsplats är **Queries**.
    Gå till 5.

alternativt

1 Klicka på [**Queries**] i Område 1.
2 Välj mappen **Queries** i Område 2 eller undermapp.
3 Gå till **Query | Create | Text Search**
    Gå till 5.

alternativt

3 Peka på tom plats i Område 3.

4   Högerklicka och välj **New Query → Text Search**
Dialogrutan **Text Search Query** visas:

5   Skriv sökordet eller sökkriteriet i textrutan **Search for** till
     exempel '`motivation OR reason`'. Dra reglaget
     Finding matches över alternativet *Including stemmed
     words,* vilket innebär att vi söker alla ord med samma stam
     som själva sökordet. (Detta funkar bara för engelska,
     franska, tyska, potugisiska och spanska.)
När flera ord skrivs i följd, t ex ADAM EVE, görs sökningen som en
logisk OR-sökning och när orden är omgärdas av citationstecken,
"ADAM EVA", körs en frassökning.

Reglaget **Finding matches** har fem lägen:

Position	Innebörd	Exempel
Exact match	Exact matches only	sport
Including stemmed words	Exact matches Words with the same stem	sport, sporting
Including synonyms	Exact matches Words with same stem Synonyms[4] (words with a very close meaning)	sport, sporting, play, fun
Including specializations	Exact matches Words with same stem Synonyms[1] (words with a very close meaning) Specializations (words with a more specialized meaning)	sport, sporting, play, fun, running, basketball
Including generalizations	Exact matches Words with same stem Synonyms[1] (words with a very close meaning) Specializations (words with a more specialized meaning—a 'type of') Generalizations (words with a more general meaning)	sport, sporting, play, fun, running, basketball, recreation, business

Alla inställningar fungerar för NVivo's språk. Språkinställningar görs genom att gå till **File → Info → Project Properties,** fliken **General**: *Text Content Language* (see page 51). Om inställningen är *Other* kommer bara 'Exact match' kunna användas men den kan kombineras med operander under knappen **[Special]** som erbjuder följande sökfunktioner:

Alternativ	Exampel	Kommentat
Wildcard ?	ADAM?	? betecknar noll eller ett godtyckligt tecken
Wildcard *	EVA*	* betecknar noll eller flera godtyckliga tecken
AND	ADAM AND EVA	Båda orden måste finnas
OR	ADAM OR EVA	Något av orden måste finnas
NOT	ADAM NOT EVA	Adam finns där Eva saknas
Required	+ADAM EVA	Adam måste finnas men Eva finns också
Prohibit	-EVA ADAM	Adam finns där Eva saknas
Fuzzy	ADAM~	Finner alla ord med liknande stavning
Near...	"ADAM EVA" ~3	Adam och Eva finns inom 3 ords avstånf från varandra
Relevance...	ADAM^2EVA	Adam är 2 gånger mer relevant än Eva

6   Bekräfta med **[Run]**.

---

[4] Varje sådant språk har sin egen inbyggda, icke ändringsbara synonymlista.

Formatet på resultatet beror på inställningar som görs under fliken **Query Options** i dialogrutan **Text Search Query (Properties)** (se sidan 211).

När du kört en Text Search Query och inställningen *Preview Only* används öppnas först resultatet med lista med genvägar i Område 4 och kan se ut så här:

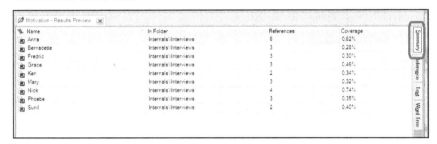

Denna lista sorteras om genom att klicka på resp. kolumnhuvud. När du dubbelklickar på en genväg öppnas den och träfforden är markerade med gulbrunt, samma färg som kodade markeringar:

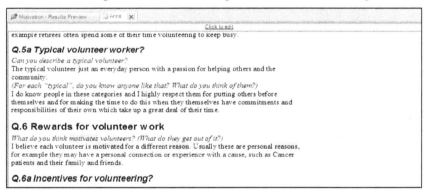

Skapa ett Set

Det kan vara användbart att skapa ett Set av resultatet av en sökfråga:

1 Markera de genvägar du vill göra till ett Set.
2 Gå till **Create | Collections | Set → Create As Set...** eller högerklicka och välj **Create As → Create As Set...**
3 Skriv namn på ditt nya Set och bekräfta med **[OK]**.

alternativt, om du redan har ett Set:

1 Markera de genvägar du vill läggs till ett befintligt Set.
2 Gå till **Create | Collections | Set → Add To Set...** eller högerklicka och välj **Add To Set...**
3 Välj ett Set i dialogrutan **Select Set**.
4 Bekräfta med **[OK]**.

Skapa en ny nod

Du kan också använda resultatet av dina sökfrågor till att bilda en ny nod:

1 Markera de genvägar som du vill skall bli en ny nod.
2 Högerklicka och välj **Create As → Create As Node...**
(markerade genvägar kommer att sammanfogas till en ny
nod)
eller högerklicka och välj **Create As → Create As Case
Nodes...** (markerade genvägar blir vardera en källnod).
3 Dialogrutan **Select Location** använder du för att bestämma
under vilken mapp eller under vilken toppnod den eller de
nya noderna skall placeras.
4 Ange ett namn för den nya noden. När du skapar källnoder
kommer de att ärva samma namn som källobjekten.
Dialogrutan **Select Location** möjliggör att du kan ange en
av dina existerande nodklassifikationer till de nya
källnoderna. Bekräfta med [**OK**].

Spara resultatet

1 Markera någon eller några genvägar som du vill skall bli en
ny nod.
2 Högerklicka och välj **Store Query Results** (*alla* genvägar
kommer att sammanfogas till en ny nod)
eller högerklicka och välj **Store Selected Query Results**
(*markerade* genvägar kommer att sammanfogas till en ny
nod).
Dialogrutan **Store Query Results** visas.
3 Ange namn och lagringsplats för den nya noden.
Visningsläge *Reference* visar 5 ord på var sida om träffordet (Coding
Context) och de övriga visningsalternativen gäller som för alla noder
(se kapitel 12, avsnitt Hur visas kodningen, sidan 161):

185

Visningsläge *Text* är också detsamma som för andra noder. (se sidan 163):

Word Trees

Visningsläge *Word Tree* är en funktion för Text Search Queries som visar hur ord förekommer i sitt sammanhang. Detta är en mycket uppskattad funktion i NVivo. Kom ihåg att villkoren för att generera ett Word Tree är att Query Options är inställd på *Preview* och att Spread Coding är avstängd:

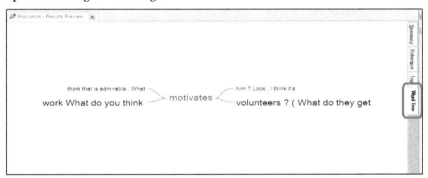

Menyfliken **Word Tree** öppnas och där finns en listruta som heter **Root Term**. Denna lista är sorterad efter förekomst och visar resultatet av söksträngen och reglaget **Finding matches**. Listan kan alltså innehålla synonymer. Varje Root Term som väljs skapar ett nytt Word Tree. Du kan ockå bestämma antal ord (Context Words) som visas på vardera sidan av en Root Term.

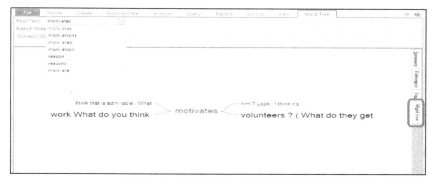

Slutligen kan du också klicka på vilket ord som helst i trädet och hela det aktuella grenverket blir markerat. När du dubbelkickar på en markerad gren öppnas Node preview. När du klickar på en Root term kommer alla synliga grenar att markeras. du kan också välja en gren, högerklicka och följande meny visas: Run Text Search Query (samma funktion som när du dubbelklickar på en gren), Export Word Tree, Print och Copy. Ett helt Word Tree kan också exporteras som en lågupplöst bild. Tyvärr kan NVivo för närvarande inte exportera högupplösta bilder. Vi hoppas på framtiden.

Coding Queries

Coding Queries kan med fördel användas när du har kommit lite längre i din beskrivande kodning så att du nu kan få större förståelse och insikter genom att skapa mer komplexa sökfrågor.

  1 Gå till **Query | Create | Coding**
    Standard lagringsplats är mappen **Queries**.
    Gå till 5.

alternativt

  1 Klicka på [**Queries**] i Område 1.
  2 Välj mappen **Queries** i Område 2 eller undermapp.
  3 Gå till **Query | Create | Coding**
    Gå till 5.

alternativt

  3 Peka på tom plats i Område 3.
  4 Högerklicka och välj **New Query** → **Coding**

Dialogrutan **Coding Query** visas:

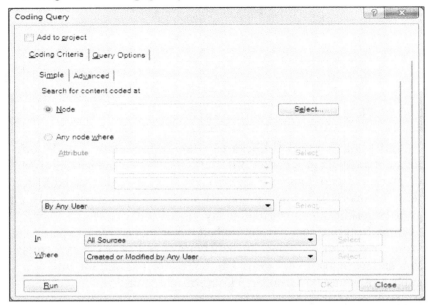

5 Gå till fliken **Coding Criteria** och välj antingen underfliken **Simple** eller **Advanced**.

Fliken Coding Criteria → Simple

Exempel: Vad motiverar människor i åldergruppen 30 - 39 att utföra ideellt arbete? Låt oss först begränsa sökningen till noden *Personal Goals.*

1 Välj fliken **Coding Criteria → Simple**.
2 Välj *Selected Items* från listrutan vid **In**.
3 Klicka på [**Select...**]-knappen.

Dialogrutan **Select Project Items** visas:

I vänstra delen av dialogrutan visas hela mappstrukturen av projektet och till höger kan du finna alla källobjekt och alla noder.

4   Vi väljer noden *Personal Goals*. När vi bekräftat med [**OK**] återvänder vi till dialogrutan **Coding Query**.

Om vi söker i All Sources hade vi lika gärna kunnat öppna noden Personal Goals direkt. Alternativen **In** och **Where** i den nedre delen av dialogrutan gör det möjligt att begränsa sökningen till Selected Items, Selected Folders eller vissa användare.

Formatet på resultatet beror på inställningarna vid fliken **Query Options** i dialogrutan **Coding Query (Properties)** (se sidan 211).

Fliken Coding Criteria → Advanced
Underflikarna **Simple** och **Advanced** är oberoende av varandra. Fliken **Advanced** används för mera komplexa kriterier. I detta exempel vill vi begränsa sökningen till kvinnor i åldern 30 - 39 och sen söka i båda noderna Nodes *Personal Goals* och *Family Values*.

1   Välj fliken **Coding Criteria → Advanced**.

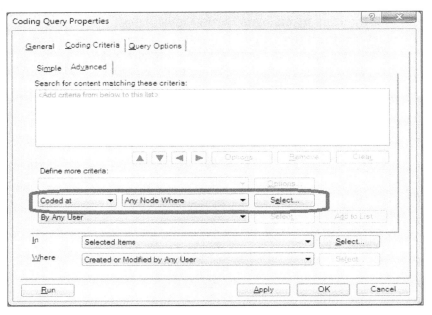

2   Under **Define more criteria** välj alternativet *Coded at* och
     Any Node Where, sedan [**Select...**]-knappen.
     Dialogrutan **Coding Search Item** visas:

3   Välj attribut och värde: *Gender / equals value / Female*.
4   Bekräfta med [**OK**] och klicka sen på [**Add to List**] i
     dialogrutan **Coding Query** .

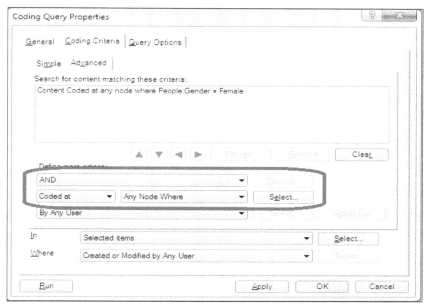

5 Återvänd till avsnittet **Define more criteria**, välj
   operanden[5] *AND, Coded at* och *Any Node Where.*
6 Använd [**Select...**]-knappen och välj *Age group / equals value
   / 30 - 39* i dialogrutan **Coding Search Item**.

7 Bekräfta med [**OK**] och klicka sen på [**Add to List**] i
   dialogrutan **Coding Query** .

---

[5] Se sidan 213 och framåt för förklaringar till samtliga operander
på denna listruta.

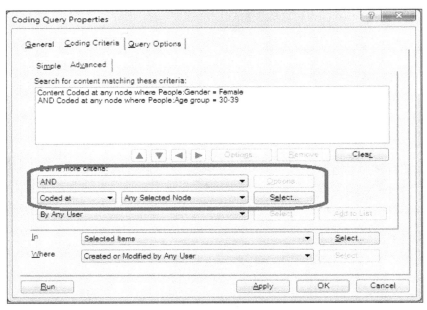

8 Återvänd till avsnittet Define more criteria, välj operarand[6]
   AND, Coded at och *Any Selected Node Where.* Med [**Select**] -
   knappen väljer du de två noderna *Personal Goals* och
   Family Values.

9 Bekräfta med [**OK**] och klicka sen på [**Add to List**] i
   dialogrutan **Coding Query** .

---

[6] Se sidan 213 och framåt för förklaringar till samtliga operander
på denna listruta.

För det sistnämnda kriteriet är det viktigt att välja 'Any of these Nodes' vilket motsvarar ett logiskt OR mellan de två valda noderna. Vi kan nu acceptera att söka i *All Sources* eftersom våra kriterier begränsar tillräckligt i alla fall.

    10   Klicka på [**Run**] i dialogrutan **Coding Query**.

Formatet på resultatet beror på inställningarna vid fliken **Query Options** i dialogrutan **Coding Query (Properties)** (se sidan 211).

När du kört en Coding Query och inställningen *Preview Only* används ser resultatet ut som det som redovisas under Text Search Queries, sidan 184 och framåt, med två undantag: Fliken Word Tree saknas och sparaalternativet **Store Selected Query Results** för valda genvägar i visningsläge Summary saknas också.

Compound Queries

Compound Queries kan skapa komplexa sökfrågor som kan kombinera en Text Search Query med en Coding Query.

    1   Gå till **Query | Create | Compound**
        Standard lagringsplats är mappen **Queries**.
        Gå till 5.

alternativt

    1   Klicka på [**Queries**] i Område 1.
    2   Välj mappen **Queries** i Område 2 eller undermapp.
    3   Gå till **Query | Create | Compound**
        Gå till 5.

alternativt

    3   Peka på tomplats i Område 3.
    4   Högerklicka och välj **New Query → Compound**

Dialogrutan **Compound Query** visas. Denna sökfråga delas upp i
Subquery 1 och *Subquery 2*. Operanden[7] mellan dessa kan väljas bland
flera alternativ.

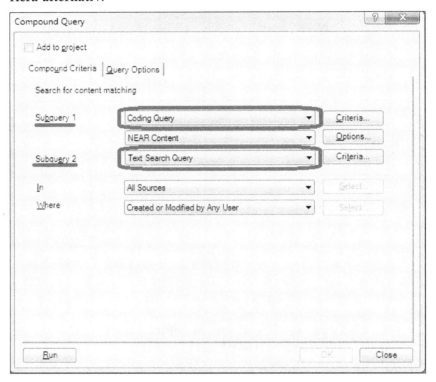

5   Välj *Coding Query* vid **Subquery 1**.
6   Knappen [**Criteria...**] öppnar dialogrutan **Subquery
     Properties** som liknar dialogrutan **Coding Query** men *Add
     to Project* och fliken **Query Options** saknas.

---

[7] Se sidan 213 och framåt för förklaringar till samtliga operander
på denna listruta.

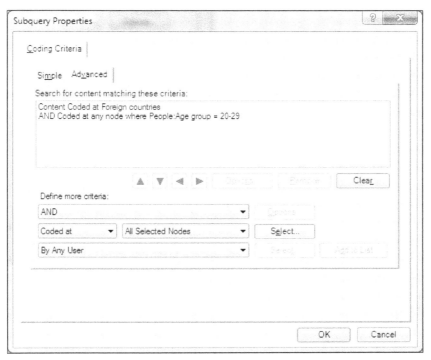

Subquery Properties

Coding Criteria

Simple Advanced

Search for content matching these criteria:

Content Coded at Foreign countries
AND Coded at any node where People:Age group = 20-29

▲ ▼ ◄ ►   Options   Remove   Clear

Define more criteria:

AND

Coded at ▼ All Selected Nodes ▼ Select...

By Any User ▼ Select Add to List

OK   Cancel

7   Vi använder fliken **Advanced** och skriver in följande
    kriterium: The Node *Foreign countries* AND the *Age Group
    20-29.* Se avsnittet om Coding Queries, sidan 187.
8   Klicka på [**OK**].
9   I dialogrutan **Compound Query** välj operanden *NEAR
    Content* och med knappen [**Options...**] väljer du
    Overlapping.
10 Välj *Text Search Query* vid **Subquery 2**.
11 Knappen [**Criteria...**] öppnar dialogrutan **Subquery
    Properties** som liknar dialogrutan **Text Search Query** men
    Add To Project och fliken **Query Options** saknas.

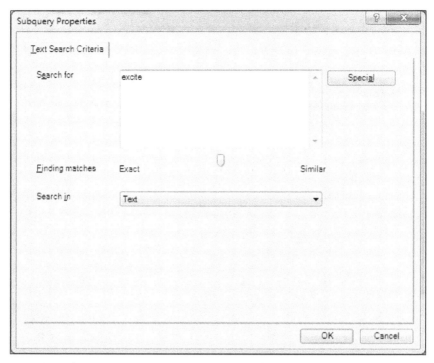

12 Skriv **excite** i textrutam **Search for**, och dra reglaget
    Finding matches två steg åt höger vilket inkluderar
    Stemmed search och synonymer.

Reglaget **Finding matches** är det samma som beskrevs under Text
Search Queries (se sidan 183).

13 Klicka på **[OK]**.

14 Klicka på **[Run]** i dialogrutan **Compound Query**.

Formatet på resultatet beror på inställningarna vid fliken **Query
Options** i dialogrutan **Compound Query (Properties)** (se sidan 211).

När du kört en Compound Query och inställningen *Preview Only*
används ser resultatet ut som det som redovisas under Text Search
Queries, sidan 184 och framåt, med två undantag: Fliken Word Tree
saknas och sparaalternativet **Store Selected Query Results** för
valda genvägar i visningsläge Summary saknas också.

Matrix Coding Queries

Matrix Coding Queries har införts för att undersöka hur en
uppsättning noder förhåller sig till en annan, t ex hur en
uppsättning källnoder förhåller sig till en uppsättning tematiska
noder. Resultatet presenteras i form av en matris.

Exempel: Vi vill studera hur olika åldergrupper förhåller sig till
några utvalda teman som representeras av tematiska noder.

1   Gå till **Query | Create | Matrix Coding**
     Standard lagringsplats är mappen **Queries**.
     Gå till 5.

alternativt

1   Klicka på **[Queries]** i Område 1.
2   Välj mappen **Queries** i Område 2 eller undermapp.
3   Gå till **Query | Create | Matrix Coding**
     Gå till 5.

alternativt

3   Peka på tom plats i Område 3.
4   Högerklicka och välj **New Query → Matrix Coding**.
Dialogrutan **Matrix Coding Query** visas:

5   Välj fliken **Matrix Coding Criteria** och sedan **Rows**.
6   Välj *Selected Items* vid avsnittet **Define More Rows**.
7   Klicka på **[Select...]**.

Dialogrutan **Select Project Item** visas:

8   Välj **Node Classifications\\People\Age Group** och
markera de åldersgrupper du vill använda. Klicka på **[OK]**.

9   Klicka på **[Add to List]** i dialogrutan **Matrix Coding Query**.
Resultatet kan se ut så här:

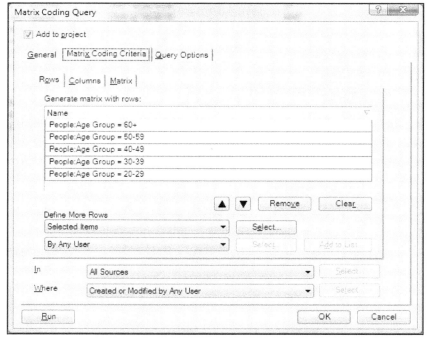

10   Välj fliken **Matrix Coding Criteria** och sedan **Columns**.

11   Välj *Selected Items* vid avsnittet **Define More Columns**.

12   Klicka på **[Select...]**.

Dialogrutan **Select Project Items** visas:

13 Välj **Nodes\\Experience** och markera sedan de tematiska noder som du vill studera. Klicka på [**OK**].

14 Klicka på [**Add to List**] i dialogrutan **Matrix Coding Query**.

När du definierat kolumnerna kan resultatet se ut så här:

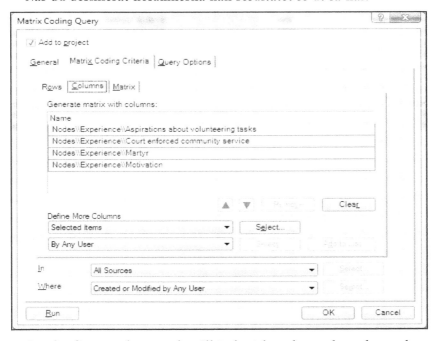

Om det finns noder som du vill ta bort kan du markera dom och sedan klicka på [**Remove**]. Hela listan nollställs med [**Clear**]. Om du vill ändra sorteringsordningen kan markera en nod och sedan använda upp eller nerpilarna. Du kan också klicka på kolumnhuvudet så sorteras noderna alfabetiskt. Går att pendla.

15 Välj fliken **Matrix Coding Criteria** och sedan **Matrix**.

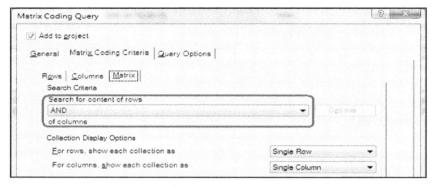

Nu kan du välja operand[8] mellan rad och kolumn.

16   Klicka på [**Run**] i dialogrutan **Matrix Coding Query**.

Formatet på resultatet beror på inställningarna vid fliken **Query Options** i dialogrutan **Matrix Coding Query (Properties)** (se sidan 211).

Alternativet *Preview Only* visar matrisen i Område 4 och öppnar fliken *Matrix Coding* och kan se ut så här:

Du kan också visa ett Chart av matrisen. Välj fliken *Chart* till höger:

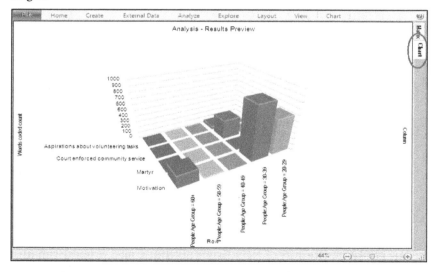

---

[8] Se sidan 213 och framåt för förklaringar till samtliga operander på denna listruta.

Menyfliken **Chart** öppnas när matrisen visas i detta läge och gör det möjligt att ändra formatering, zooma och rotera. Genom att gå till **Chart | Type** visar rullgardinsmenyn följande:

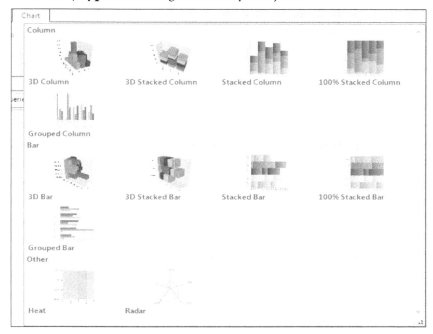

Här kan du alltså välja mellan flera typer av diagram.

Öppna en cell

En matris är en samling celler. Varje cell har samma egenskaper som en nod. Därför måste du studera varje cell för sig.

1 Öppna matrisen.
2 Välj den cell du vill öppna.
3 Högerklicka och välj **Open Matrix Cell** eller dubbelklicka på cellen.

Cellen öppnas och kan studeras och analyseras som vilken nod som helst. Cellen är en integrerad del av matrisen och om du vill spara den som en ny nod markera hela cellinnehållet i visningsalternativ *Reference* och gå till **Analyze | Coding | Code Selection At → New Node** eller högerklicka och välj **Code Selection → Code Selections At New Node** eller [**Ctrl**] + [**F3**].

Visningsalternativ för matrisen

Det finns flera alternativ att visa en matris när cellerna inte är öppna.

1 Öppna matrisen.
2 Gå till **View | Detail View | Matrix Cell Content** → <select> eller högerklicka och välj **Matrix Cell Content** → <select> något av följande alternativ:

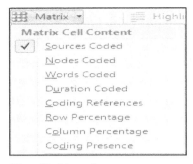

Visa/Dölja radnummer

1   Öppna matrisen.
2   Gå till **Layout | Show/Hide | Row IDs**
    eller högerklicka och välj **Row → Row Ids**.

Dölja rader

1   Öppna matrisen.
2   Välj en eller flera rader som du vill dölja.
3   Gå till **Layout | Show/Hide | Hide Row**
    eller högerklicka och välj **Row → Hide Row**.

Visa/Dölja rader med filter

1   Öppna matrisen.
2   Klicka på 'tratten' i något kolumnhuvud
    eller välj en kolumn och gå till **Layout | Sort & Filter |
    Filter → Filter Row**.

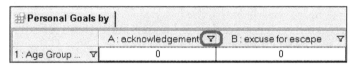

Dialogrutan **Matrix Filter Options** visas:

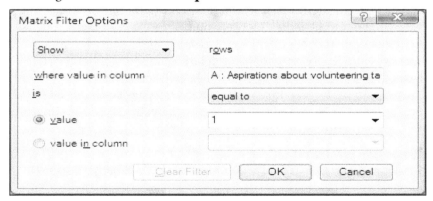

3   Välj värde och operand för visa och dölja. Bekräfta med
    [OK]. När man använt ett filter blir 'tratten' *röd*.

För att nollställa ett filter välj [**Clear Filter**] i dialogrutan **Matrix Filter Options**.

Visa dolda rader
1 Öppna matrisen.
2 Välj en rad på var sin sida om den dolda raden.
3 Gå till **Layout** | **Show/Hide** | **Unhide Row**
   eller högerklicka och välj **Row → Unhide Row**.

Visa alla rader
1 Öppna matrisen.
2 Gå till **Layout** | **Sort & Filter** | **Filter → Clear All Row Filters**
   eller högerklicka och välj **Row → Clear All Row Filters**.

Visa/Dölja kolumnbokstäver
1 Öppna matrisen.
2 Gå till **Layout** | **Show/Hide** | **Column IDs**
   eller högerklicka och välj **Column → Column IDs**.

Dölja kolumner
1 Öppna matrisen.
2 Välj en eller flera kolumner som du vill dölja.
3 Gå till **Layout** | **Show/Hide** | **Hide Column**
   eller högerklicka och välj **Column → Hide Column**.

Visa dolda kolumner
1 Öppna matrisen.
2 Välj en kolumn på var sida om den dolda kolumn som du vill visa.
3 Gå till **Layout** | **Show/Hide** | **Unhide Column**
   eller högerklicka och välj **Column → Unhide Column**.

Visa alla kolumner
1 Öppna matrisen.
2 Gå till **Layout** | **Sort & Filter** | **Filter → Clear All Column Filters**
   eller högerklicka och välj **Column → Clear All Column Filters**.

Transponera matrisen
Transponera betyder att rader och kolumner byter plats.
1 Öppna matrisen.
2 Gå till **Layout** | **Transpose**
   eller högerklicka och välj **Transpose.**

Flytta en kolumn åt vänster eller höger
1 Öppna matrisen.

2 Välj den eller de kolumner som du vill flytta. Om du vill flytta mer än en kolumn måste de vara närbelägna.

3 Gå till **Layout | Rows & Columns | Column → Move Left/Move Right**.

Återställa hela matrisen

1 Öppna matrisen.

2 Gå till **Layout | Tools | Reset Settings**
eller högerklicka och välj **Reset Settings**.

Visa celler skuggade eller färgade

1 Öppna matrisen.

2 Gå till **View | Detail View | Matrix → Matrix Cell Shading → \<select\>**
eller högerklicka och välj **Matrix Cell Shading → \<select\>**.

Exportera en matris

1 Öppna eller markera en matris.

2 Gå tll **External Data | Export | Export Matrix...**
eller högerklicka och välj **Export Matrix...**
eller **[Ctrl] + [Shift] + [E]**.

Dialogrutan **Save As** visas och du kan bestämma lagringsplats och filmnamn. Du kan välja mellan att exportera som textfil eller Excelark.

När du visar ett Chart kan du exportera bilden i nåot av följande format: .JPG, .BMP eller .GIF.

Konvertera en matris till noder

Det kan komma framtida situationer då en matris behöver konverteras till ett antal nya noder.

1 Öppna eller markera en matris.

2 Kopiera genom att gå till **Home | Clipboard | Copy**
eller högerklicka och välj **Copy**
eller **[Ctrl] + [C]**.

3 Klicka på **[Nodes]** i Område 1.

4 Välj mappen **Nodes** i Område 2 eller undermapp.

5 Gå till **Home | Clipboard | Paste → Paste**
eller högerklicka och välj **Paste**
eller **[Ctrl] + [V]**.

Dialogrutan **Paste** visas:

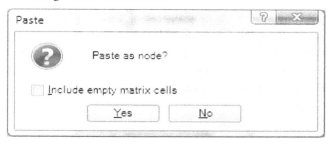

6   Bekräfta med [**Yes**].

Resultatet är ett nodträd[9] där toppnoden, 'Matrix Parent', ärver namnet på matrisen. Första generationen undernoder, 'Row Parents', är raderna och nästa generation noder motsvarar innehållet i varje cell.

Converted Matrices				
Name	Sources	References	Created On	Created By
Name of Matrix	7	219	2010-11-17 09	BME
Anna	1	27	2010-11-17 09	BME
Job Satisfaction	1	14	2010-11-17 09	BME
Leisure Activities	1	10	2010-11-17 09	BME
Salary Importance	1	3	2010-11-17 09	BME
Bernadette	1	27	2010-11-17 09	BME
Job Satisfaction	1	14	2010-11-17 11	BME
Leisure Activities	1	10	2010-11-17 11	BME
Salary Importance	1	3	2010-11-17 11	BME

Dessa noder kan sedan användas för Cluster Analysis (se sidan 307).

---

[9] När du använder *converting a Node Matrix* för att skapa nya noder beräknas "Matrix Parent" och "Row Parents" med funktionen *Aggregate.* Den metoden ger korrekt antal källor men antalet referenser blir fel som en följd av den ofullkomlighet vi nämnde på sidan 129.

Group Queries

Använd Group Queries för att finna objekt som på något sätt associeras med andra objekt i projketet. Du skulle kunna finna skillnader i hur man kodat olika källobjekt med en Group Query. När du kör frågan, kommer resultatet att visas i Område 4 med respektive noder under vardera källobjektet.

1   Gå till **Query | Create | Group**
    Standard lagringsplats är mappen **Queries**
    Gå till 5.

alternativt

1   Klicka på [**Queries**] i Område 1.
2   Välj mappen **Queries** i Område 2 eller undermapp.
3   Gå till **Query | Create | Group**
    Gå till 5.

alternativt

3   Peka på tom plats i Område 3.
4   Högerklicka och välj **New Query → Group**

Dialogrutan **Group Query** visas:

206

Listrutan vid **Look For:** har följande alternativ:

Items Coding	For each scope item, find the range items that code it. (Optionally, consider only coding by specific users)
Items Coded At	For each scope item, find the range items that it codes. (Optionally, consider only coding by specific users)
Items by Attribute Value	For each attribute value in the scope, find the items in the range that have that value assigned.
Relationships	For each scope item, find the items that it has a relationship of the selected direction/type with.
See Also Links	For each scope item, find the range items that it has s See Also link with.
Model Items	For each model in the scope, find the range items that appear in the model.
Models	For each scope item, find the models in the range that it appears in.

Beroende på vilket alternativ du väljer visar listrutorna vid **Scope** och **Range** motsvarande alternativ.

Låt oss anta att du vill utforska vilka noder två källobjekt har kodats mot.

5 Välj *Items Coding* från listrutan vid **Look For**.

6 Välj *Selected Items* från listrutan vid **Scope**.

7 Klicka på [**Select**]-knappen och från dialogrutan **Select Project Items** väljer du två källobjekt (två intervjuer). Klicka på [**OK**].

8 Välj *Selected Folders* från listrutan vid **Range**.

9 Klicka på [**Select**]-knappen och från dialogrutan **Select Folders** väljer du mappen **Theme Nodes**. Klicka på [**OK**].

10 Till sista klicka på [**Run**] i dialogrutan **Group Query**.

Resultatet från en Group Query visas som en expanderbar lista i Område 3. Denna lista kan inte sparas. Själva sökfrågan kan emellertid sparas som andra sökfrågor, se kapitel 14, Gemensamma frågefunktoner. Varje gång en sparad Group Query körs visas den expanderbara listan på nytt.

Scope Item	In Folder	Finds
Fredric	Internals\Interviews	8

Range Item	In Folder	Created On
Personal Goals	Nodes\Topic Nodes	2011-08-27 12:37
Payments	Nodes\Topic Nodes	2011-08-27 12:37
Motivation and Satisfaction\Male Motivation	Nodes\Topic Nodes	2011-08-27 13:37
Motivation and Satisfaction	Nodes\Topic Nodes	2011-08-27 13:37
Motivation	Nodes\Topic Nodes	2011-08-27 12:37
Imagination	Nodes\Topic Nodes	2011-08-27 12:37
Family Values	Nodes\Topic Nodes	2011-08-27 13:48
Church	Nodes\Topic Nodes	2011-08-27 13:49

Scope Item	In Folder	Finds
Anna	Internals\Interviews	8

Range Item	In Folder	Created On
Personal Goals	Nodes\Topic Nodes	2011-08-27 12:37
Payments	Nodes\Topic Nodes	2011-08-27 12:37
Motivation and Satisfaction\Female Motivation	Nodes\Topic Nodes	2011-08-27 13:37
Motivation and Satisfaction	Nodes\Topic Nodes	2011-08-27 13:37
Motivation	Nodes\Topic Nodes	2011-08-27 12:37
Merge - Feelings	Nodes\Topic Nodes	2011-08-27 12:39
Imagination	Nodes\Topic Nodes	2011-08-27 12:37
Family Values	Nodes\Topic Nodes	2011-08-27 13:48

När du väljer fliken **Connection Map** till höger visas följande graf:

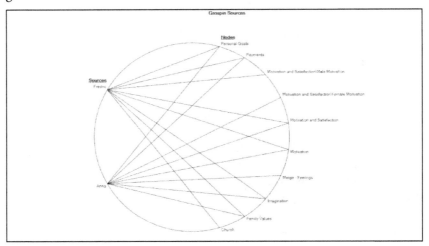

På motsvarande sätt kan du välja andra objekt (scope) som noder eller models och visa ett sammanhang med relaterade objekt (range).

14. GEMENSAMMA FRÅGEFUNKTIONER

Detta kapitel handlar om funktioner och egenskaper som är gemensamma för flera typer av sökfrågor. Filter-funktionen som beskrivs här är ett sådant exempel. Ett sätt att utnytta ett filter är att låta filtret tillfälligt eliminera vissa objekt. Till exempel kan du låta filtret eliminera noder som skapades senare än förra veckan.

Filter-funktionen

Knappen [**Select...**] finns tillgänglig i många dialogrutor när man skapar sökfrågor. Då öppnas dialogrutan **Select Project Items**:

Automatically select subfolders innebär att när man väljer en mapp i vänstra fönstret kommer undermapparna med sin samtliga objekt samtidigt att väljas. De mappar som inte kan ha undermappar (Relationships, Matrices, Sets och Results) kommer att välja alla objekt i dessa mappar.

Automatically select descendant nodes innebär att när man väljer en visst toppnod i högra fönstret kommer alla undernoder samtidigt att väljas.

Knappen [**Filter**] finns alltid i det nedre vänstra hörnet av dialogrutan **Select Project Items** och den öppnar i sin tur dialogrutan **Advanced Find** :

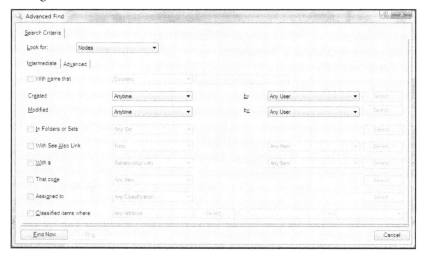

Detta är samma dialogruta med samma funktioner som vi beskriver längre fram (se sidan 280).

Spara en sökfråga

Som vi nämnde i början av kapitel 13, Sökfrågor, kan vi spara alla sökfrågor så att vi kan använda dom vid senare tillfälle eller kopiera och redigera dom. Låt oss anta att vi har skapat en Text Search Query och skrivit sökkriteriet. Nu vill vi spara sökfrågan:

1 I dialogrutan **Text Search Query** markera *Add to project*, och en ny flik, **General,** visas:

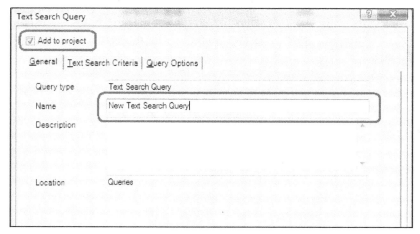

2 Skriv ett namn (obligatoriskt) och eventuellt en beskrivning, sedan [**Run**] eller [**Apply**] eller [**OK**].

Spara ett resultat

Resultatet av en sökfråga kan visas på skärmen med alternativet *Preview Only.* Resultatet visas i Område 4 men sparas inte.

Preview Only för en Text Search Queries öppnar i visningsläge Summary, se sidan 162.

Preview Only för Coding Queries och Compound Queries öppnar i visningsläge Reference, se sidan 162.

Preview Only för en Matrix Search Queries öppnar i visningsläge Node Matrix, se sidan 200.

Om vill att ett sådant resultat skall sparas som en nod finns det några alternativ att välja, till exempel *Create Results as New Node.*

1 I dialogrutan **Text Search Query** välj fliken **Query Options**.

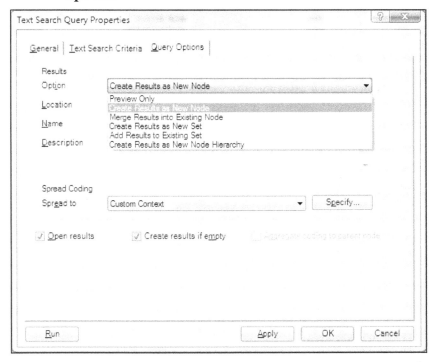

2 Välj *Create Results as New Node* från listrutan vid **Results/ Options**. Markera *Open results* om du vill öppna noden när sökfrågan körts. Markera *Create results if empty* om du vill skapa en tom nod vid nollresultat.

3 Acceptera **Location** *Results*[10] eller använd **[Select]** för att välja en annan lagringsplats, till exempel **Nodes** om du vill använda den nya noden senare.

4 Skriv ett namn på noden (obligatoriskt) och eventuellt en beskrivning, sedan **[Run]**.

Listrutan vid **Spread Coding** gör det möjligt att koda omkringliggande textavsnitt som tillägg till det själva resultatet. Följande alternativ [11] finns:

- None
- Coding Reference (när man söker i noder)
- Narrow Context
- Broad Context
- Custom Context
- Entire Source

- ◆ -

När man använder **Query | Actions | Last Run Query** visas senast använda dialogruta <...> **Query Properties** (även om inte sökfrågan sparats) och du får en chans att modifiera sökfrågan innan den körs igen. Varje gång en sökfråga körs sparas den om den är inställd på att sparas. När du modifierar en sökfråga kan du till exempel ange Spread Coding till Surrounding Paragraphs.

Om mappen Results

Mappen **Results** är standardmapp när resultatet av en sökfråga skall sparas. Du kan emellertid ändra i dialogrutan **Query Properties** så att resultat av en sökfråga sparas varsomhelst bland nodmapparna. Men det finns vissa fördelar med att spara i mappen **Results**.

Först och främst, det är praktiskt att inspektera om resultatet överhuvudtaget är rimligt (innan det sparas på sin mera permanenta lagringsplats) eller om sökfrågan behöver justeras omgående. Ibland när inte sökfrågan är sparad men bara resultatet kan man använda kommandot **Home | Item | Open → Open Linked Query...** alternativt högerklicka på ett resultat och välj **Open Linked Query...** och på så sätt öppna och modifiera sökfrågan.

Noder som finns i mappen Results kan inte redigeras eller användas för mera kodning eller för att ta bort kodning. Kommandon som **Uncode At this Node** eller **Spread Coding** finns

---

[10] När man sparar ett resultat i mappen Results betyder det att noden inte kan redigeras och inte heller kan användas för att koda mera eller för att ta bort kodning.

[11] Definitionen på *Narrow* och *Broad* bestäms under fliken **General** i dialogrutan **Application Options**, se sidan 36. *Custom* ändrar den inställningen tillfälligt .

inte. När du verifierat din nod i mappen Results bör den därför flyttas till lämplig mapp bland ordinarie nodmappar där den kan användas för fortsatt analys.

När du har kört en Text Search Query vars resultat sparas i mappen Results är Coding Context Narrow (5 ord) alltid aktiverad, men återställs så snart noden flyttats till nodmapparna. Om det behövs kan du senare aktivera Coding Context (se sidan 165).

Redigera en sökfråga

En sparad sökfråga kan köras närsomhelst:

1 Klicka på **[Queries]** i Område 1.
2 Välj mappen **Queries** i Område 2 eller undermapp.
3 Välj den sökfråga i Område 3 som du vill köra.
4 Gå till **Query** | **Actions** | **Run Query**
  eller högerklicka och välj **Run Query...**
  eller dubbelklicka på sökfrågan.

Du kan alltid optimera en sparad sökfråga så att den uppfyller dina aktuella krav. Och ibland kanske du vill kopiera sökfrågan innan du redigerar den:

1 Klicka på **[Queries]** i Område 1.
2 Vöj mappen **Queries** i Område 2 eller undermapp.
3 Välj den sökfråga i Område 3 som du vill redigera.
4 Gå till **Home** | **Item** | **Properties**
  eller högerklicka och välj **Query Properties...**
  eller **[Ctrl]** + **[Shift]** + **[P]**.

Någon av följande dialogrutor visas:

* **Text Search Query Properties**
* **Word Frequency Query Properties**
* **Coding Query Properties**
* **Matrix Coding Query Properties**
* **Compound Query Properties**
* **Coding Comparison Query Properties**

Dialogrutan **Coding Query Properties** till exempel, är densamma som dialogrutan **Coding Query**. Här kan du göra dina ändringar:

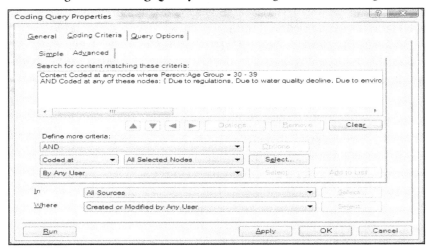

Knappen **[OK]** genomför ändringen utan att köra frågan på nytt.

Knappen **[Apply]** genomför ändringen utan att köra frågan på nytt och dessutom blir dialogrutan kvar för eventuella ytterligare ändringar.

Knappen **[Run]** genomför ändringen och kör frågan på nytt. Om inställningen under fliken **Query Options** är *Create Results as a New Node* bildas ytterligare en nod under den mapp som angivits. Om man väljer att låta resultatnoder först ligga under mappen **Results** kan de flyttas senare till någon av mapparna under **[Nodes]**.

Operanderna

I dialogrutorna **Coding Query, Matrix Coding Query och Subquery Properties** förkommer vissa operander på listruta och de är: AND, OR, NEAR, PRECEDING och SURROUNDING. Med följande grafiska bilder söker vi förklara hur dessa operander fungerar.

Node A		A **OR** B	
	Node B	A **AND** B	
	≤X words		
	Line feed		
	>X words		
	Line feed		

"A **AND** B" equals "B **AND** A"; "A **OR** B" equals "B **OR** A"

AND visar den gemensamma kodningen för A och B när de förekommer i samma dokument.

OR visar den sammanlagda kodningen för A och B när de förekommer i samma dokument..

AND NOT visar kodning för A där inte B har kodats.

Node A

Node B

Paragraph 1

≤X words

Line feed

Paragraph 2

>X words

Line feed

Paragraph 3

Overlapping

Within X words

Within same paragraph

Within same coding reference*)

*) search in nodes only

Within same scope item**)

**) equal to "A OR B" ; "B OR A"

"A **NEAR** B" equals "B **NEAR** A"

NEAR Content Overlapping visar den sammanlagda kodningen för A och B när noderna överlappar varandra.

NEAR Content In Custom Context[12]. Knappen [**Specify**] låter dig välja mellan Broad Context, Narrow Context och Custom Context. Till exempel:

- **NEAR Content Within X words** visar den sammanlagda kodingen för A och B när de förekommer inom X ord från varandra.

- **NEAR Content In Surrounding Paragraph** visar den sammanlagda kodningen A och B när de förekommer inom samma stycke som avgränsas genom radbrytning.

NEAR Content In Same Scope Item visar den sammanlagda kodningen för A och B när de förekommer inom samma dokument.

NEAR Content In Same Coding Reference visar den sammanlagda kodningen för A och B när de förekommer inom samma nod.

---

[12] Definitionen av *Narrow* och *Broad* betäms under fliken **General** i dialogrutan **Application Options**, se sidan 36. *Custom* ändrar den inställningen tillfälligt.

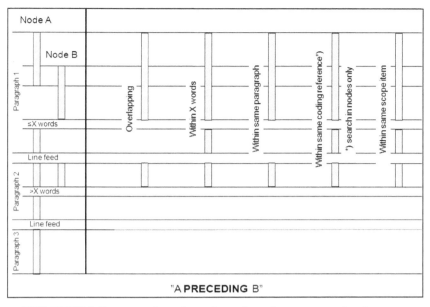

PRECEDING Context Overlapping visar den sammanlagda kodningen för A och B när noderna överlappar varandra så länge A kodas tidigare än eller vid samma startpunkt som B.

PRECEDING Content In Custom Context[13]. Knappen [Specify] låter dig välja mellan Broad Context, Narrow Context och Custom Context.

Till exempel:

- **PRECEDING Context Within X words** visar den sammanlagda kodingen för A och B när de förekommer inom X ord från varandra så länge A kodas tidigare än eller vid samma startpunkt som B.
- **PRECEDING Context In Surrounding Paragraph** visar den sammanlagda kodningen A och B när de förekommer inom samma stycke som avgränsas genom radbrytning så länge A kodas tidigare än eller vid samma startpunkt som B.

PRECEDING Context In Same Scope Item visar den sammanlagda kodningen för A och B när de förekommer inom samma dokument så länge A kodas tidigare än eller vid samma startpunkt som B.

PRECEDING Context In Same Coding Reference visar den sammanlagda kodningen för A och B när de förekommer inom samma nod så länge A kodas tidigare än eller vid samma startpunkt som B.

---

[13] Definitionen av *Narrow* och *Broad* betäms under fliken **General** i dialogrutan **Application Options**, se sidan 36. *Custom* ändrar den inställningen tillfälligt.

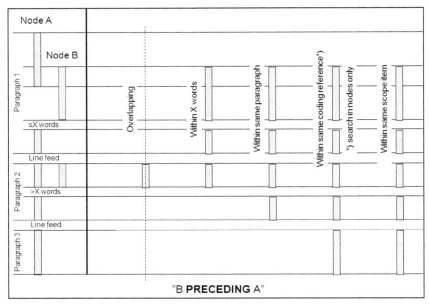

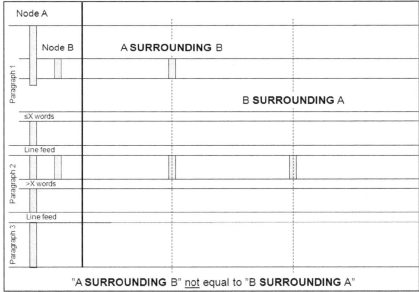

SURROUNDING visar den gemensamma kodningen för A och B när noderna överlappar varandra så länge A kodas tidigare än eller vid samma startpunkt som B och avslutas vid samma slutpunkt som eller senare än B.

15. HANTERA BIBLIOGRAFISKA DATA

Referensmaterial som vetenskapliga artiklar och andra forskningsrapporter är ofta en viktig del av ett kvalitativt projekt. NVivo 10 kan därför importera sådant referensmaterial på ett ordnat och användbart sätt. Sådan import inkluderar fulltext dokument som kan importeras från de mest poulära referenshanteringsprogrammen som EndNote, RefWorks och Zotero. När sådant data importeras blir referensmaterialet källobjekt och kan därför kodas och analyseras på samma sätt som annat källmaterial. För en mera avacerad analys finns en metod som kallas Framework-metoden (se kapitel 16) som framför allt gör att du kan arbeta med akademiskt referensmaterial som litteraturöversikter.

Detta kapitel handlar om att importera bibliografiska data som lagras i vissa speciella referenshanteringsprogram. De filformat som kan importeras till NVivo på detta sätt är: .XML för EndNote and .RIS för RefWorks and Zotero .

I detta kapitel använder vi ett exempel där vi importerar data från EndNote (det bästa av marknadens referenshanteringsprogram enligt vår åsikt). Följande två poster från EndNote skall därför exporteras från EndNote:

θ Author	Year	Title	Journal	Ref Type	URL	Last Updated
θ Cafazzo, J ...	2009	Patient-perceived barriers to the ado...	Clinical jour...	Journal Arti ...	http://www.ncbi.nlm...	2011-08-24
Ritchie, L : P ...	2011	An exploration of nurses' perceptions...	Applied nur...	Journal Arti ...	http://www.ncbi.nlm...	2011-08-24

Gem-symbolen till vänster indikerar att den posten innehåller en länkad fil (normalt en fulltextartikel som PDF) men inte den andra posten.

På nästa sida visas en skärmbild på en öppnad referenspost från EndNote. Som du ser, varje post innehåller en mängd värdefull data:

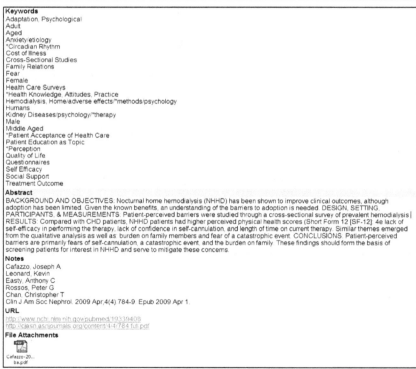

Author
Cafazzo, J. A.
Leonard, K.
Easty, A. C.
Rossos, P. G.
Chan, C. T.

Year
2009

Title
Patient-perceived barriers to the adoption of nocturnal home hemodialysis

Journal
Clinical journal of the American Society of Nephrology : CJASN

Volume
4

Issue
4

Pages
784-9

Epub Date
2009/04/03

Date
Apr

Type of Article
Comparative Study
Research Support, Non-U.S. Gov't

Alternate Journal
Clin J Am Soc Nephrol

ISSN
1555-905X (Electronic)
1555-9041 (Linking)

DOI
10.2215/CJN.05501008

PMCID
2666429

Accession Number
19339408

Keywords
Adaptation, Psychological
Adult
Aged
Anxiety/etiology
*Circadian Rhythm
Cost of Illness
Cross-Sectional Studies
Family Relations
Fear
Female
Health Care Surveys
*Health Knowledge, Attitudes, Practice
Hemodialysis, Home/adverse effects/*methods/psychology
Humans
Kidney Diseases/psychology/*therapy
Male
Middle Aged
*Patient Acceptance of Health Care
Patient Education as Topic
*Perception
Quality of Life
Questionnaires
Self Efficacy
Social Support
Treatment Outcome

Abstract
BACKGROUND AND OBJECTIVES: Nocturnal home hemodialysis (NHHD) has been shown to improve clinical outcomes, although adoption has been limited. Given the known benefits, an understanding of the barriers to adoption is needed. DESIGN, SETTING, PARTICIPANTS, & MEASUREMENTS: Patient-perceived barriers were studied through a cross-sectional survey of prevalent hemodialysis RESULTS: Compared with CHD patients, NHHD patients had higher perceived physical health scores (Short Form 12 [SF-12]: 4e lack of self-efficacy in performing the therapy, lack of confidence in self-cannulation, and length of time on current therapy. Similar themes emerged from the qualitative analysis as well as: burden on family members and fear of a catastrophic event. CONCLUSIONS: Patient-perceived barriers are primarily fears of self-cannulation, a catastrophic event, and the burden on family. These findings should form the basis of screening patients for interest in NHHD and serve to mitigate these concerns.

Notes
Cafazzo, Joseph A
Leonard, Kevin
Easty, Anthony C
Rossos, Peter G
Chan, Christopher T
Clin J Am Soc Nephrol. 2009 Apr;4(4):784-9. Epub 2009 Apr 1.

URL
http://www.ncbi.nlm.nih.gov/pubmed/19339408
http://cjasn.asnjournals.org/content/4/4/784.full.pdf

File Attachments

Cafazzo-20...
ba.pdf

Kommunikationen mellan referenshanteraren och NVivo sker med en XML-strukturerad fil. Referenshanteraren medger vanligtvis export av en hel samling referensposter. Exportkommandot från exempelvis EndNote är **File → Export** och filtypen måste anges till

XML. Detta kommando skapar en fil med all denna information inklusive en sökväg till PDF-artikeln.

Importera bibliografiska data

I NVivo gå till **External Data | Import | From Other Sources →
From EndNote...**. med filbläddraren söker du rätt på XML-filen som du exporterade från referenshanteraren. Klicka på **[Open]**.
Dialogrutan **Import from EndNote** visas:

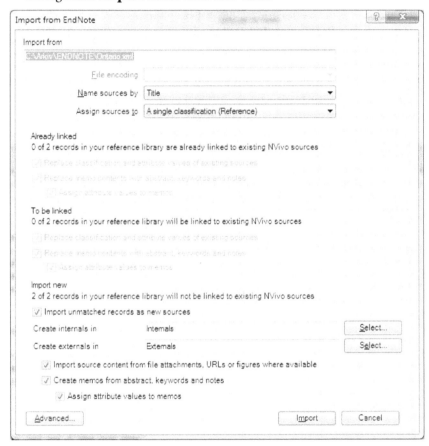

Första alternativet är **Name sources by** och du kan välja mellan: *Title* och *Author and year.*

Andra alternativet gäller att besluta om du vill ha samma Källklassifikation för alla bibliografiska data, *Reference*. Då kommer ett av attributen kallas Reference Type och värdena vara Journal Article, Book, Conference Proceedings etc. Om du önskar detta välj **Assign sources to**: *A single classification (Reference).*
Om du i stället föredrar en källklassifikation för varje referensslag välj i stället **Assign sources to**: *Different classifications based on record type.*

221

Nästa alternativ finns under avsnittet **Import new** nederst i dialogrutan. I vårt exempel har den första referensposten en länkad PDF och den andra inte. Principen för import av bibliografiska data är att PDF-filer importeras om *interna* källobjekt och övriga referensposter importeras som *externa* källobjekt.

Under alternativet **Import unmatched records as new sources** måste du definiera lagringsplats för interna resp externa källobjekt. I vårt exempel har vi definierat dessa två mappar:
Internals\\Bibliographic Data och
Externals\\Bibliographic Data.

Alternativet *Import source content from file attachments, URLs or figures where available* är nödvändigt när du önskar importera PDF-filer eller andra resurser. Om du avmarkerar detta alternativ kommer referensposten att importeras som ett externt källobjekt.

Alternativet *Create memos from abstract, keywords and notes* väljs när du vill ha ett länkat memo till varje källobjekt, internt eller externt, med det nämnda innehållet.

Alternativet *Assign attribute values to memos* tilldelar varje memo samma klassifikation och samma attributvärden som det källobjekt man länkar från.

Knappen [**Advanced**] möjliggör några individuella inställningar för referensposter som skall importeras. Detta är användbart när du importerar bibliografiska data som uppdatering till data som du importerat tidigare.

PDF objektet

Det interna PDF-objektet har samma utseende och layout som original filen och kan kodas, länkas och analyseras som andra källobjekt:

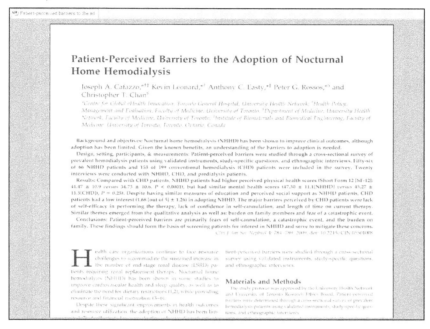

Dialogrutan **PDF Properties**, fliken **General**, har nu följande innehåll från importen av XML-filen. Som du ser har abstract kopierats över till rutan Description för PDF-objektet:

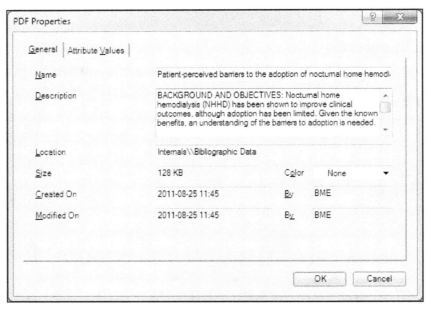

PDF Properties, fliken **Attribute Values**, har nu följande innehåll:

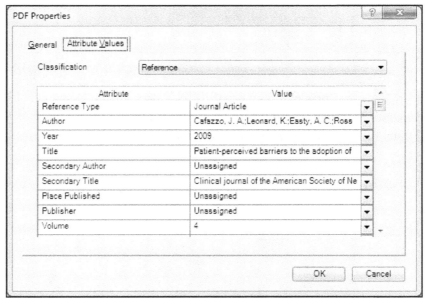

Author är ett av attributen och dess värde är alla författarnamn för respektive referenspost.

Keywords är också ett attribut (visas ej här) och dess värde är alla keywords för respektive referenspost. Se vidare sidan 220.

Det länkade Memot

Om du väljer att skapa ett länkat memo kommer det att få samma namn som det objekt du länkar från. Ett memo är ett textdokument som kan redigeras och hanteras som andra källobjekt. Memots innehåll kommer från fälten Abstract, Keywords och Notes i den ursprungliga referensposten. Detta är en användbar funktion därför att den möjliggör att du kan koda, länka och analysera ett eller flera abstrakt, vilket inte vore möjligt när abstraktet ligger i fältet Description.

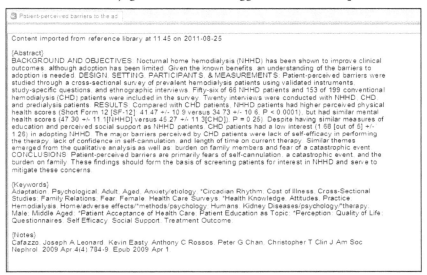

Dialogrutan **Memo Properties**, fliken **General** har nu följande innehåll:

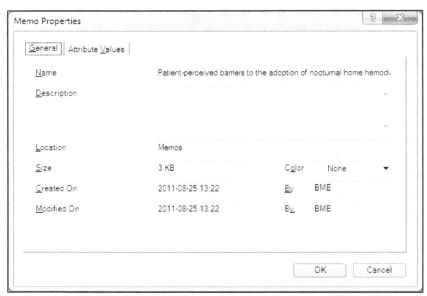

Dialogrutan **Memo Properties**, fliken **Attribute Values**, har nu följande innehåll:

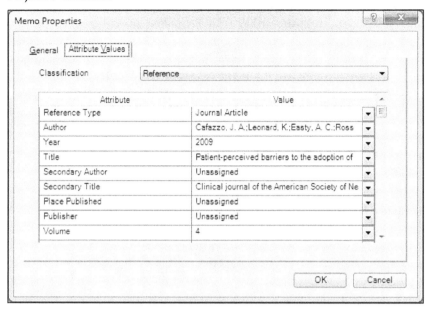

Klassifikationen och attributvärdena är identiska med det källobjekt man länkar från.

16. OM FRAMEWORK-METODEN

Framework är en metod för analys av kvalitativa data och som utvecklats under 1980-talet av Englands största oberoende forskningsinstitut, the National Centre for Social Research (NatCen).

Framework-metoden används för att organisera och hantera forskningen genom sammanfattningar som resulterar i en robust men flexibel matris som gör det enkelt att analysera både källnoder och tematiska noder och framför allt i skärningspunkten mellan dessa båda. Metoden används av hundratals forskare inom områden som hälsovård, metodutveckling och programutvärdering. NatCen har utvecklat en speciell programvara, FrameWork, för detta ändamål. Den programvaran utvecklas inte längre men genom ett partnerskapsavtal mellan NatCen och QSR, innhåller nu NVivo en funktionalitet som stöd för denna metod.

Således kan nu Framework som metod erbjuda många intressanta möjligheter att analysera text och annan typ av data (audio, video eller bild) att användas tillsammans med andra metoder och verktyg som finns i NVivo för exmpelvis diskursanalys.

Framework skiljer sig från andra mera traditionella kvalitativa metoder eftersom den inte enbart stöder sig på kodning och indexering.

Om Framework-matrisen

Som andra matriser består Framework-matrisen av rader och kolumner. Om du arbetat med nodmatriser som ett resultat av en Matrix Coding Query känns denna metod igen. Således: rader är noder, kolumner är andra noder och en cell är skärningen mellan dessa och kan även förstås som resultatet av en AND operand. Den viktiga skillnaden mellan en Framework-matris och en nodmatris är att cellen i Framework-matrisen kan visa data och även editeras: Du kan skriva text och du kan skapa länkar.

En Framework-matris är ett källobjekt som gör det lätt att studera data och skriva egna kommnentarer och reflektioner. En särskilt användbar funktion är att du kan studera data i fönstret Associated View medan du analyserar cellerna och gör noteringar. En annan användbar funktion är möjligheten att enkelt studera en viss tematisk nod i en tabell där du snabbt jämför data med andra tematiska noder eller källnoder. En tredje användbar funktion är möjligheten att skapa länkar från en cell till källmaterialet med hjälp av sk Summary links.

Detta är ett typiskt utseende av en Framework-matris:

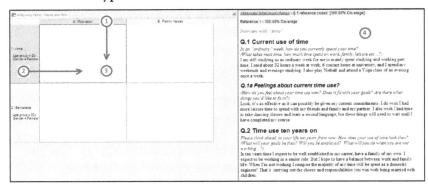

① Rader definieras som noder ofta klassificerad källnoder. Sådana noder kan representera personer eller platser eller organisationer. Det kan också vara litteratur av något slag t ex artiklar i PDF-format. I det senare fallet måste PDF-objekt konverteras till källnoder innan de kan användas som rader i en Framework-matris:
Gå till **Create | Items | Create As → Create As Node(s)**.

② Kolumner definieras som noder, vanligtvis tematiska noder. Det kan också vara noder som representerar intervjufrågor från en strukturerad intervju.

③ Innehållet i en cell är alltid tomt när en Framework-matris först skapas. Flera alternativ förligger nu för användaren:
Du kan skriva text.
Du kan låta cellen innehålla hela eller delar av det kodade innehållet i skärningen mellan en rad och en kolumn. Läs om Auto Summary, sidan 231.
Du kan skapa Summary links till godtyckligt innehåll i Associated View. Läs om Summary Links, sidan 232.

④ Associated View är ett separat fönster till höger om eller under Framework-matrisen som visar hela eller delar av den källnod som motsvarar den för tillfället aktiverade cellen eller raden. Det finns flera visningstalternativ för Associated View: Hela raden (Row coding), skärningen mellan rad och kolumn (Cell coding) eller Summary links.

Skapa en Framework-matris

1 Gå till **Create | Sources | Framework Matrix**.
Standard lagringsplats är mappen **Framework Matrices**.
Gå till 5.

alternativt

1 Klicka på [**Sources**] i Område 1.
2 Välj mappen **Framework Matrices** i Område 2 eller undermapp.
3 Gå till **Create | Sources | Framework Matrix**.
Gå till 5.

alternativt

3 Peka på tom plats i Område 3.
4 Högerklicka och välj **New Framework Matrix...**
eller [**Ctrl**] + [**Shift**] + [**N**].

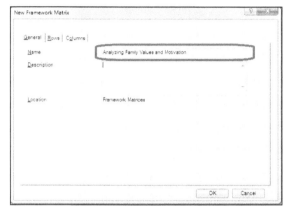

4 I dialogrutan **New Framework Matrix** skriv namn (obligatoriskt) och eventuellt en beskrivning.
5 Klicka på fliken **Rows**.

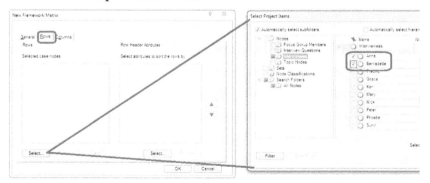

6 Klicka på [**Select**] nederst till vänster och i dialogrutan **Select Project Items** välj de noder (källnoder) som skall vara rader i din Framework-matris, sedan [**OK**].

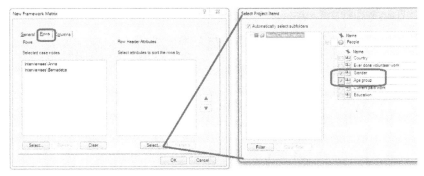

7 Klicka på [**Select**] nederst till höger och i dialogrutan **Select Project Items** välj de attribut som skall vara rubriker för raderna Framework-matrisen, sedan [**OK**].

8 Klicka på fliken **Columns**.

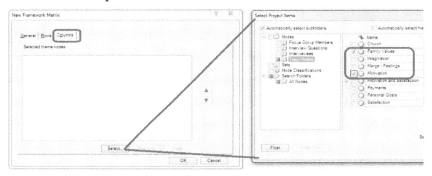

9 Klicka på [**Select**] och i dialogrutan **Select Project Items** välj de tematiska noder som skall vara kolumner i Framework-matrisen, sedan [**OK**].

10 När du är klar med att välja rader och kolumner, klicka på [**OK**].

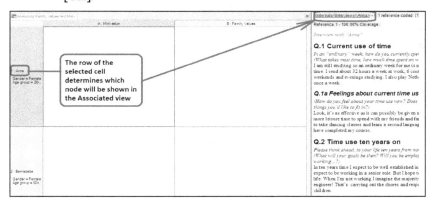

När din Framework-matris är klar ser den ut så här. Cellerna är tomma. Tänk på att en Framework-matris är ett källobjekt med möjlighet att skapa länkar, noteringar för tankar och reflektioner.

Hur kan jag använda cellen?

När du skapat din nya Framework-matris har du tre möjligheter att utnytta utrymmet i en cell:

- Låta kopiera all information från från skärningen mellan rad och kolumn. (Se Auto Summary nedan)
- Skapa Summary Links till utvalt segment av Associated view. (Se Summary Links, sidfan 232)
- Skriva text som du kan ha nytta av

Auto Summary

1 Gå till **Analyze | Framework Matrix | Auto Summary**.

När du aktiverar Auto Summary, blir alla celler (vilken cell markören än står i) automatiskt uppdaterade med innehåll som motsvarar skärningen mellan rad och kolumn.

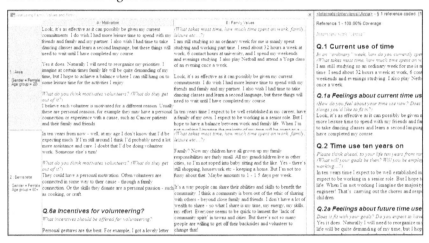

Om det finns text i någon cell innan man aktiverar Auto Summary kommer det nya innehållet att klistras in efter den tidigare texten. Om du använder Auto Summary upprepade gånger kommer innehållet i cellerna också att upprepas.

Efter att ha aktiverat Auto Summary, kan du modifiera innehållet efter egen behov. Ett sätt som vi föreslår är att först köra Auto-Summary och sedan komplettera med egna slutsatser eller kommentarer.

Summary Links

Summary Links är förbindelsen mellan Framework-matrisen och källobjektet. På samma sätt som See Also-länkar, kan Summary Links göra det möjligt att snabbt röra sig mellan en viss cell och data.

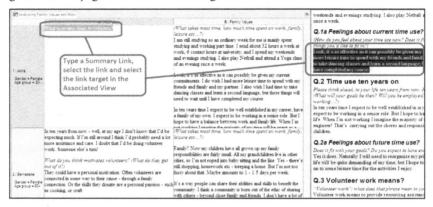

1   Om du tycker det behövs, ta bort innehållet en en viss cell genom [**Ctrl**] + [**A**] och sedan [**Del**]-tangenten.
2   Skriv texten som skall bli din nya Summary Link.
3   Markera länken.
4   Markera målsegmentet i Associated View.
5   Gå till **Analyze | Framework Matrix | New Summary Link**.

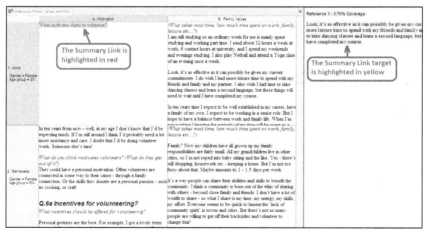

För att visa skärmen som ovan måste du göra följande inställningar:

Gå till **View | Detail View | Framework Matrix**:
→ **Summary Links | Show**
→ **Associated View Content | Summary Links**
→ **Associated View Highlight | Summary Links**

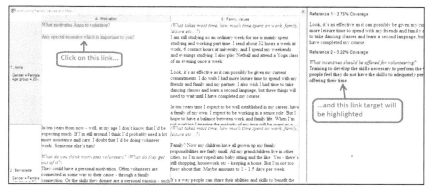

Om du behöver göra mer än en Summary Link i en cell är det praktiskt att göra följande inställningar:

Gå till **View | Detail View | Framework Matrix**:

→ **Summary Links | Show**

→ **Associated View Content | Summary Links**

→ **Associated View Highlight | Summary Links from Position**

Mer om Associated View

Standardinställningarna för menyfliken **View | Detail View | Framework Matrix** bestäms i dialogrutan **Application Options**. Gå till **File → Options → Display**, avsnitt **Framework Matrix Associated View Defaults**:

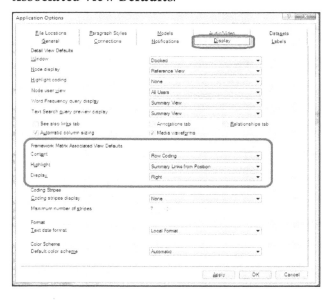

Detta är resultatet av ovan inställningar när du går till **View** |
Detail View | **Framework Matrix**:

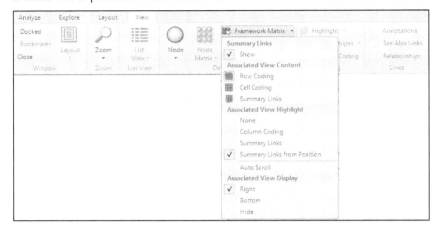

Dessa inställningar återställs varje gång ett projekt öppnas och
görs ändringar i menyfliken förblir de intakta under pågående
arbetspass.

1 Gå till **View** | **Detail View** | **Framework Matrix**
→ **Associated View Highlight** | **Column Coding**.

De kodade segmenten är nu markerade med gulbrunt beroende på
i vilken cell markören står.

1 Gå till **View** | **Detail View** | **Framework Matrix**
   → **Associated View Content** | **Cell Coding**.

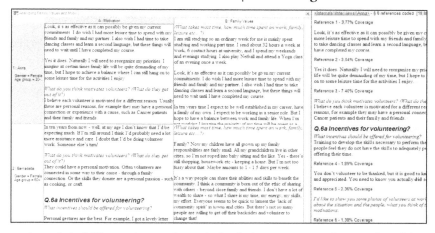

Associated View visar enbart de kodade segmenten beroende på i vilken cell markören står.

- ◆ -

Associated View kan alternativt visas till höger om eller under Framework-matrisen:

Gå till **View** | **Detail View** | **Framework Matrix**
→ **Associated View Display** | **Right** eller **Bottom**

eller döljas:

Gå till **View** | **Detail View** | **Framework Matrix**
→ **Associated View Display** | **Hide**

Att arbeta med Framework-matriser

Auto Scroll

Auto Scroll rullar Associated View på följande sätt. När du klickar på en Summary link i en cell kommer Associated View att visa det markerade segmentet. Om dessutom Highlight Column Coding har valts så är det första markerade segmentet det kodade avsnittet och om Highlight Summary Links har valts är Summary Link det första markerade segmentet. Alternativet Summary Links from Position är användbart när du har skapat mer än en Summary Link i en cell.

Var lagras Cell Summary?

Cellens Summary lagras i skärningen mellan två noder, en från en rad och en från en kolumn i en Framework-matris. När en Summary en gång lagrats finns de alltid kvar även om Framework-matrisen tas bort. Om samma kombination av två noder skulle finnas i en annan Framework-matris är cell Summary identisk. Ändrar du Summary i en Framework-matris avspeglas detta samtidigt i den andra matrisen.

Öppna en Framework-matris

1   Klicka på [**Sources**] i Område 1.
2   Välj mappen **Framework Matrices** i Område 2 eller undermapp.
3   Välj den Framework-matris i Område 3 som du vill öppna.
4   Gå till **Home | Item | Open**
     eller högerklicka och välj **Open Framework Matrix...**
     eller dubbelklicka på en Framework-matris i Område 3
     eller [**Ctrl**] + [**Shift**] + [**O**].

Tänk på att du kan bara öppna en Framework-matris åt gången, men flera matriser kan vara öppna samtidigt.

Redigera en Framework-matris

1   Markera en Framework-matris.
2   Högerklicak och välj **Framework Matrix Properties...**

Du kan lägga till och ta bort rader och kolumner.

236

Importera Framework-matriser

Framework-matriser kan importeras tillsammans med import av ett annat projekt. Alla noder som ingår i en Framework-matris måste antingen finnas i det projekt som är öppet eller måste importeras tillsammans med Framework-matrisem. Framework-matrisen kommer att uppdateras med uppdaterade noder.

Exportera Framework-matriser

1. Klicka på [**Sources**] i Område 1.
2. Välj mappen **Framework Matrices** i Område 2 eller undermapp.
3. Välj den eller de Framework-matriser i Område 3 som du vill exportera.
4. Gå till **External Data | Export | Export → Export Framework Matrix...**
   eller högerklicka och välj **Export → Export Framework Matrix...**
   eller [**Ctrl**] + [**Shift**] + [**E**].
5. Bestäm filtyp, lagringplats och filnamn. Möjliga filtyper är: .TXT, .XLS, eller XLSX. Bekräfta med [**Save**].

Ta bort en Framework-matris

1. Klicka på [**Sources**] i Område 1.
2. Välj mappen **Framework Matrices** i Område 2 eller undermapp.
3. Välj den eller de Framework-matriser i Område 3 som du vill ta bort.
4. Gå till **Home | Editing | Delete**
   eller högerklicka och välj **Delete**
   eller [**Del**]-tangenten.
5. Bekräfta med [**Yes**].

Tänk på vad vi sagt tidigare angående lagring av Framework-matriser. Innehållet tas inte bort även om själva matrisen tas bort. Innehållet sparas som skärningen mellan två noder. Inte förrän en av dessa noder tas bort kommer matrisinnehållet tas bort.

Skriva ut Framework-matriser

1. Öppna en **Framework Matrix**.
2. Gå till **File → Print → Print...**
   eller högerklicka och välj **Print...**
   eller [**Ctrl**] + [**P**].

Flytande fönster för en Framework-matris

Det går att göra fönstret för en Framework-matris flytande på samma sätt som för andra objekt. Men, fönstret för Associated View förblir dolt i detta läge. Ett sätt att använda mera utrymme på skärmen är att stänga Navigation View genom att gå till **View | Workspace | Navigation View**.

Typsnitt, attribut, storlek och färg

Inställningen av typsnitt etc. i cellen bestäms av fliken **Framework Matrices** i dialogrutan **Project Properties**, se sidan 58:

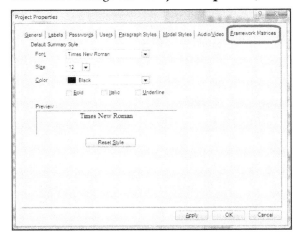

Utöver dessa inställningar kan du välja typsnitt, storlek, attribut och färg genom:

1   Markera text i en cell.
2   Gå till **Home | Format |** och välj typsnitt, storlek, attribut, och färg.

Val av formatmall under **Home | Styles** är inte tillgängligt för Framework-matriser.

Styckejustering, indrag, punktlista eller numrerad lista under **Home | Paragraph** är inte heller tillgängliga för Framework-matriser.

Sök och ersätt ord

Denna funktion är densamma som när du redigerar andra textobjekt:
   Home | Editing | Find → Find...
   Home | Editing | Replace
   Men, **Home | Editing | Find → Go to...** är inte tillgängligt för Framework-matriser.

Stavningskontroll

NVivos vanliga stavningskontrol kan användas för Framework-matriser, se sidan 74.

Sätta in datum, tid och symboler

Dessa funktioner är desamma som när du redigerar andra textobjekt:

Home | **Editing** | **Insert** → **Date/Time**

Home | **Editing** | **Insert** → **Symbol...**

Organisera Framework-matriser

Sortera rader i en Framework-matris

Rader i en Framework-matris sorteras enligt valda attribut och attributvärden som visas under namnet på varje rad. Om inga attribut har valts sorteras raderna alfabetisk efter nodnamn.

Sortera kolumner i en Framework-matris

Kolumner i en Framework-matris sorteras enligt inställningarna i dialogrutan **Framework Matrix Properties** där du kan ändra sorteringsordningen. Du kan också välja en kolumn, högerklicka och välja **Column** → **Move Left** ([Ctrl] + [Shift] + [L]) eller **Column** → **Move Right** ([Ctrl] + [Shift] + [R]). Alternativt, välj en kolumn och gå till **Layout** | **Rows & Columns** | **Column** → **Move Left** eller **Move Right**.

Dölja och filtrera rader och kolumner

Dölja och filtrera rader och kolumner (som man gör med nodmatriser) är inte möjligt för Framework-matriser.

Justera radhöjd och kolumnbredd

1. Välj en rad eller en kolumn.
2. Högerklicka och välj **Row** → **Row Height** alternativt **Column** → **Column Width**.
3. Ange radhöjd (kolumnbredd) i pixlar.
4. Bekräfta med [**OK**].

Radhöjd och kolumnbredd kan också justeras genom att peka på gränsen mellan två rader eller mellan två kolumner och dra med muspekaren.

Radhöjder kan också ställas in automatiskt för att passa den mängd text som finns i cellen. Max radhöjd för autofit är 482 pixlar:

1. Markera en eller flera rader.
2. Högerklicka och välj **Row** → **AutoFit Row Height**.

Om du behöver större radhöjd kan du använda **Row** → **Row Height** som tillägg.

Radhöjd och kolumnbredd kan återställas till standardvärden (värden som gäller när du skapar en ny Framework-matris):

1. Markera någon rad, kolumn eller cell i Framework-matrisen.
2. Gå till **Layout** | **Tools** | **Reset Settings** eller högerklicka och välj **Reset Settings**.

17. OM ENKÄTER OCH DATASET

Detta kapitel handlar om data som kommer från enkäter med både fasta svarsalternativ och öppna frågor. NVivo kan överföra sådant enkät-material till en typ av källobjekt som kallas Dataset. Strukturerad data organiseras i poster (rader) och fält (kolumner). Dataformat som NVivo kan importera äre Excel-ark, tabbavgränsad textfil och database-tabeller kompatibla med Microsoft Access. Ett Dataset i NVivo presenteras i en inbyggd läsare som kan visa data i både tabell-format och i formulär-format. Läsaren gör det mycket lättare att arbeta med datorn för att läsa och analysera data.

Ett Dataset har två typer av fält (kolumns), nämligen Classifying and Codable.

Classifying är fält med ett demografiskt innehåll av kvantitativ natur, ofta ett resultat av fasta frågealternativ. Data i dessa fält förväntas motsvara attribut och värden.

Codable är fält med öppna frågor typiskt för kvalitativa data. Data i dessa fält är typiskt att se som föremål för tematisk kodning.

Ett Dataset kan bara skapas när data is importeras. Data arrangeras i form av en matris där rader är poster och kolumner är fält. Typiskt är att respondenter är rader och frågorna är kolumner och svaren finns i cellerna.

Importera Dataset

Strukturad data av olika ursprung kan importeras till NVivo så länge de nämnda kriterierna uppfylls:

1   Gå till **External Data | Import | Dataset**.
    Standard lagringsplats är mappen **Internals**.
    Gå till 5.

alternativt

1   Klicka på [**Sources**] i Område 1.
2   Välj mappen **Internals** i Område 2 eller undermapp.
3   Gå till **External Data | Import | Dataset**. Gå till 5.

alternativt

3   Peka på tom plats i Område 3.
4   Högerklicka och välj **Import Internals** → **Import Dataset...**

> **Tips:** Ett enkelt sätt att konvertera ett Excel-ark till text är:
> 1   Markera hela Excel-arket.
> 2   Kopiera.
> 3   Öppna Anteckningar.
> 4   Klistra in i Anteckningar.
> 5   Spara med eget namn.

Guiden **Import Dataset Wizard – Step 1** visas:

5   Med **[Browse]**-knappen bläddrar du fram till den fil du vill
     importera. Filbläddraren visar bara sådana filformat som
     kan importers som Datasets.
6   Bekräfta med **[Open]**.
7   Klicka på **[Next]**.

Guiden **Import Dataset Wizard – Step 2** visas:

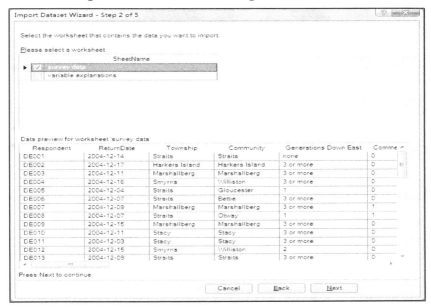

Den övre delen av dialogrutan, SheetName, visar de två arken i den valda Excel-filen: *survey data* och *variable explanations.* Välj ark och dess innehåll visas i rutan Data Preview. De första 25 posterna visas. Vi väljer arket *survey data.*

8 Klicka på [**Next**].

Guiden **Import Dataset Wizard - Step 3** visas:

Du kan verifiera formatet för Tid och Datum och decimalsymbolen gentemot data i Data Preview-rutan.

Det är viktigt att namnen på fälten bara finns i första raden. Vissa dataark har fältnamn i två rader om det skulle vara så måste de två raderna sammanfogas. Om du avmarkerar altenativet *First row contains field names* kommer kolumnerna i stället att numreras.

9   Klicka på [**Next**].

Guiden **Import Dataset Wizard** – **Step 4** visas:

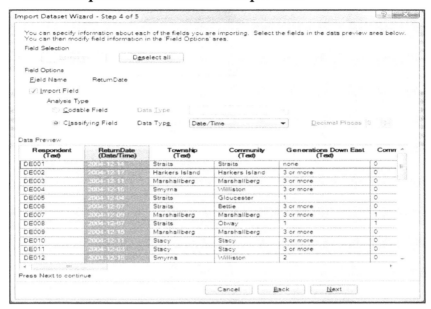

Du måste själv avgöra om en kolumn är *Codable Field* eller
Classifying Field. Välj en kolumn i taget genom att klicka på
kolumnhuvudet (eller bläddra med [**Höger**] eller [**Vänster**]-
tangenterna). Använd alternativen under *Analysis Type*.
Grundinställningen är *Classifying* för alla kolumner. Genom att
avmarkera *Import Field* för en viss kolumn importeras den inte.

10   Klicka på [**Next**].

Guiden **Import Dataset Wizard - Step 5** visas:

11 Skriv namn (obligatoriskt) och eventuellt en beskrivning.
    bekräfta med [**Finish**].

När importen har gått bra skapas ett Dataset och när det öppnas i
Område 4, visningsläge *Table*, kan det se ut så här:

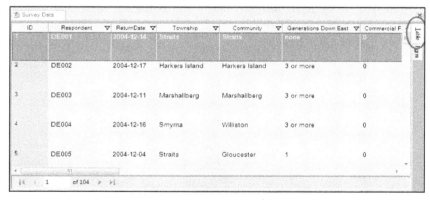

NVivo har skapat den vänstra kolumnen, ID. Ett Dataset är
permanent skrivskyddat i alla avseenden. Inget kan ändras eler
modifieras. Knapparna nere till vänster är till för att bläddra mellan
poster.

Visningsläge *Form* presenterar en post i taget:

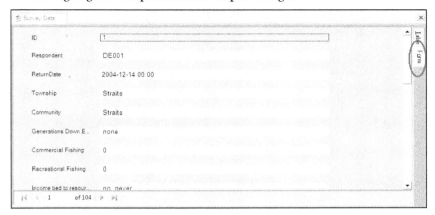

Classifying fields har grå bakgrund och Codable fields har vit bakgrund, som här nedan i visningsläge *Table:*

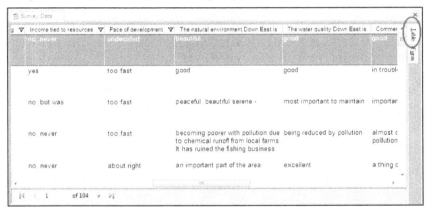

Eller här i visningsläge *Form*:

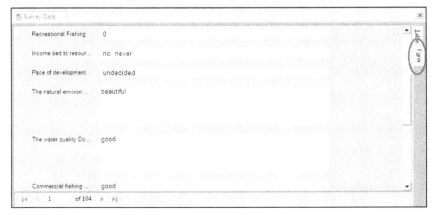

I dialogrutan **Dataset Properties** kan du göra vissa ändringar av hur ett Dataset presenteras:

247

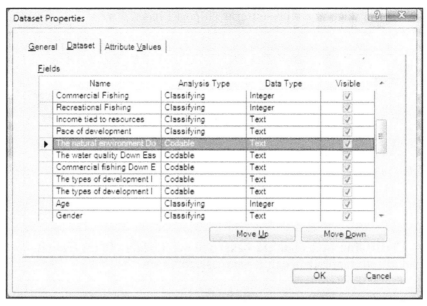

Du kan ändra namn på ett fält, dölja eller flytta ett fält, men du kan inte ändra Analysis Type eller Data Type.

Alternativt, sådana ändringar kan också göras direkt i ett Dataset, visningsalternativ *Table*. Alla regler för sortering och visning som beskrivits i kapitel 11, Klassifikationer och för nodmatriser, sidan 202, inklusive användandet av filter kan användas för Datasets.

Exportera Datasets

Datasets kan exporteras som andra objekt:

1   Klicka på [**Sources**] i Område 1.
2   Välj mappen **Internals** i Område 2 eller undermapp.
3   Välj det Dataset i Område 3 som du vill exportera.
4   Gå till **External Data | Export | Export → Export Dataset...**
     eller högerklicka och välj **Export → Export Dataset...**
     eller [**Ctrl**] + [**Shift**] + [**E**].

Dialogrutan **Export Options** visas.

5   Välj tillämpliga alternativ och klicka på [**OK**]. Då öppnas en filbläddrare och du kan bestämma lagringsplats, filtyp och filnamn. Möjliga filformat är: Excel, .TXT and HTML.
6   Bekräfta med [**Save**].

Koda Datasets

Kodning av Datasets sker enligt alla kända regler: markera text i Codable fält, högerklicka och välj **Code Selection → Code Selection At New Node** eller **Code Selection At Existing Nodes**.

All kodning i ett Dataset kan visas och analyseras på samma sätt som för andra källobjekt inklusive att visa kodlinjer och markering av kodade segment.

Autokodning av Datasets

Autokodning av Datasets är ett rationellt sätt att bringa struktur till innehållet i ett Dataset. Autokodning av Datasets från enkäter fungerar på samma sätt som autokodning av Datasets från sociala media. (Kapitel 18, se sidan 266)

1 Välj ett Dataset i Område 3 som du vill autokoda.
2 Gå till **Analyze | Coding | Auto Code**
   eller högerklicka och välj **Autocode...**
Guiden **Auto Code Dataset Wizard – Step 1** visas:

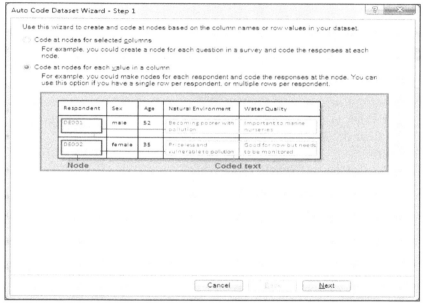

3 Välj *Code at Nodes for each row,* sedan [**Next**].

Guiden **Auto Code Dataset Wizard** – **Step 2** visas:

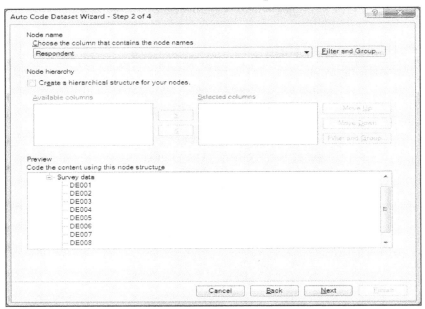

Här väljer vi *Choose the column that contains the node names* och i vårt fall är det kolumnen Respondent. Ingen övrig nodhierarki erfordras.

4   Klicka på [**Next**].

Guiden **Auto Code Dataset Wizard – Step 3** visas:

5   Välj de fält som skall kodas vid *Available Columns* och klicka sedan på [>] varvid fälten förs över till *Selected Columns.*

6   Klicka på [**Next**].

Guiden **Auto code Dataset Wizard – Step 4** visas:

7 Bestäm namn och lagringsplats för den toppnod under vilken dina nya noder skall placeras. I vårt fall **Nodes\\Survey Data**.

8 Bekräfta med [**Finish**].

Resultatet är en samling källnoder, en för varje respondent, och som visas i Område 3:

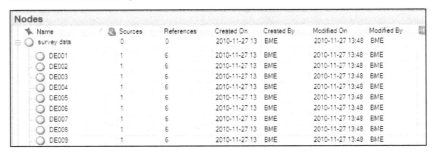

Nästa naturliga steg är att autokoda vårt Dataset med avseende på de kolumner som vi klassat som Codable. Varje sådan kolumn skall utgöra en tematisk nod. Detta sker genom att vi på nytt väljer kommandot Autocode. I guiden **Auto Code Dataset Wizard – Step 1** väljer vi denna gång *Code at nodes for selected columns*.

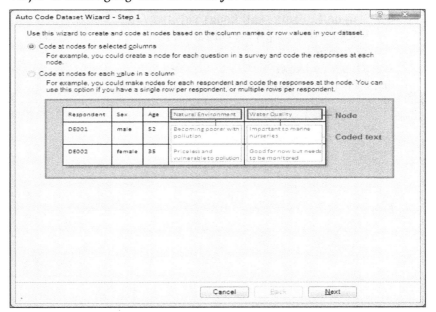

Sedan går vi vidare steg för steg på samma sätt som vid autokodning av rader.

Klassificering av Datasets

Ett Dataset kan klassificera sina källnoder baserade på de fält som vi uppfattar som Classifying fields. För att våra funktioner skall fungera måste vi åtminstone ha en nodklassifikation i projektet innan detta moment kan starta. Vi börjar med att tilldela våra källnoder denna klassifikation.

1 Markera de källnoder i Område 3 som du vill klassificera. Använd [Ctrl] + [A] eller klicka på den första noden i listan, håll nere [Shift]-tangenten och klicka på den sista noden i listan.

2 Högerklicka och välj **Classification** → **<Classification Name>**.

Klassificering från vårt Dataset går nu till så här:

1 Välj det Dataset i Område 3 vars källnoder du vill klassificera.

2 Gå till **Create | Classifications** → **Classify Nodes from Dataset**
eller högerklicka och välj **Classify Nodes from Dataset**.

Guiden **Classify Nodes from Dataset Wizard** – **Step 1** visas:

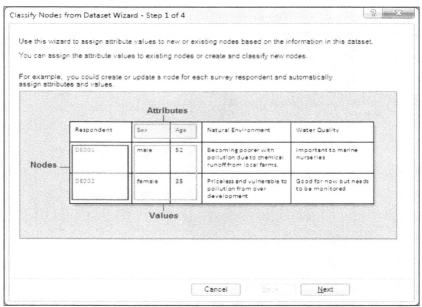

3 Klicka på [**Next**].

Guiden **Classify Nodes from Dataset Wizard – Step 2** visas:

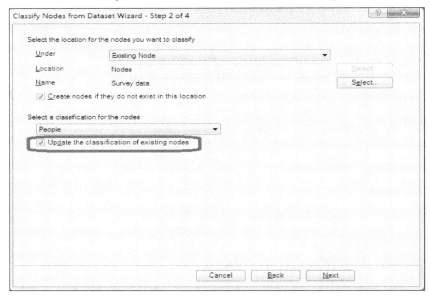

I vårt exempel vill vi klassificera de källnoder som vi skapade med autokodning. De finns under **Nodes\\Survey Data**. *Update the classification of existing nodes* är en viktig markering.

    4   Klicka [**Next**].

Guiden **Classify Nodes from Dataset Wizard – Step 3** visas:

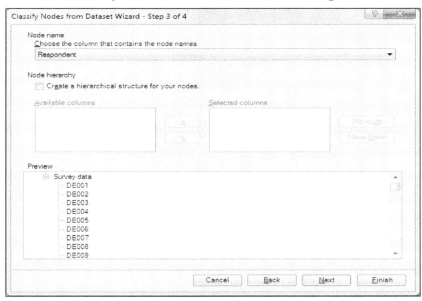

    5   Vi anger kolumnen *Respondent* för de noder som skall klassificeras. Klicka på [**Next**].

Guiden **Classify Nodes from Dataset Wizard – Step 4** visas:

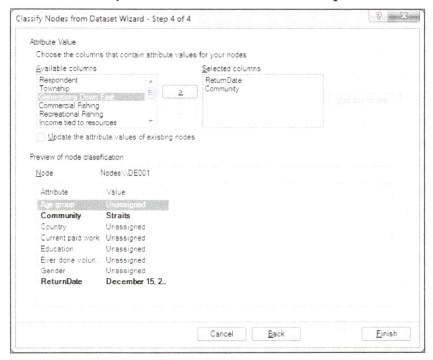

Alla Classifying fält finns i listan till vänster, *Available columns.*
Använd [>] för att föra över fält till högra sidan, *Selected columns.* I
fönstret Preview visas resultatet för den översta noden.

   6   Klicka på [**Finish**].

Mapping and Grouping

Vi återvänder till guiden **Classify Nodes from Dataset Wizard –
Step 4**. Knappen [**Map and Group**] kan användas för att flytta eller
mappa innehållet i en kolumn till en annan. Det finns också en
funktion som grupperar diskreta numeriska värden till intervall, som
t ex diskreta åldersuppgifter till åldersgrupper:

   1   I guiden **Classify Nodes from Dataset Wizard – Step 4** har
       fältet *Age* flyttats till den högra rutan, Selected columns.

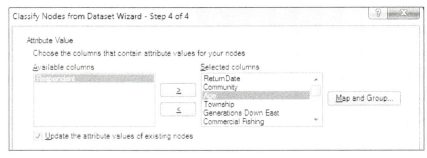

2   Markera *Age* och klicka på [**Map and Group**].
    Dialogrutan **Mapping and Grouping Options** visas:

3   Välj *New Attribute* som vi kallar *Age Group*. Klicka på
    fliken **Grouping**.

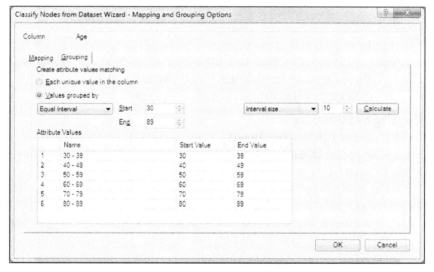

4   Nu kan du bestämma storleken på åldersintervallet. Du kan
    välja mellan *Equal Interval, Standard Deviation* eller *User-
    defined Interval*. Vi väljer *Equal Interval* och *Interval size*
    till 10 år. Därefter [**Calculate**] och sist [**OK**] och vi kommer
    att återgå till guiden **Classify Nodes from Dataset Wizard
    – Step 4**.

18. INTERNET OCH SOCIALA MEDIA

Den mest betydande nyheten för NVivo 10 är möjligheten att importera och hantera data från Internet: webbsidor och sociala media som Facebook, Twitter och LinkedIn. NVivo 10 kan också ta hand om data från Evernote och OneNote, som är de poulära, nätbaserade, programvarorna för noteringar och arkivering av information, vilket tas upp i kommande kapitel.

Vad är NCapture?

NCapture är ett pluginprogram som levereras och installeras med NVivo 10. NCapture exporterar innehåll från webbsidor till filer som kallas *web data packages* (filformat .vcx) som sen importeras till NVivo. NCapture exporterar webbsidor med all text, bilder och länkar. Webbsidor importeras av NVivo som PDF-objekt. NCapture kan också exportera data från Facebook, Twitter och LinkedIn. Data från sociala media kan också importers som PDF-objekt, men kanske ännu viktigare och intressantare, även i form av Dataset. För närvarande finns NCapture som addin att arbeta mot Internet Explorer och Google Chrome, men kan komma att arbeta även mot andra webbläsare i framtida uppgraderingar.

Exportera webbsidor med NCapture

Som i de flesta moderna programvaror finns det tre sätt för NCapture att hämta data genom webbläsaren.

1. Välj **NCapture ikon** på verktygsraden i webbläsaren:

2. Välj **NCapture for NVivo** från Tools-menyn:

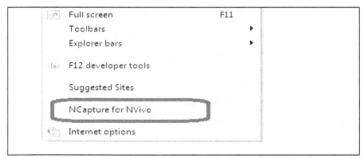

3. Högerklicka i fönstret i webbläsaren och välj **NCapture for NVivo**.

Du kan exportera ett stort antal *web data packages* medan du forskar på nätet. NVivo kräver inte att du importerar data från nätet förrän du är redo att göra så. När du bestämt dig för att importera en webbsida till NVivo, visas dialogrutan NCapture i webbläsaren:

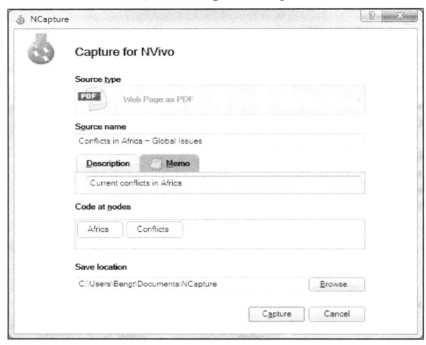

Import från vanliga webbsidor blir PDF-objekt i NVivo. Men det finns många funktionella tillval att göra som anpassar importen till dina egna önskemål:

Source name blir namnet på ditt nya PDF-objekt. Webbsidans namn föreslås här men du kan ändra.

Fliken *Description* kan du använda att skriva den text som skall stå i fältet *Description* i PDF-objektet.

Fliken *Memo* kan du använda för att skriva in den text som skall stå i ett länkat memo med samma namn som källobjektet. Vilket eller vilka alternativ som som bäst svarar mot dina behov kan bara du själv avgöra. Tänk på att ett memo kan du koda, länka och analysera men det gäller inte texten i fältet *Description*.

Code at Nodes. Du kan skriva namnet på en eller flera nya eller existerande noder här. NCapture kan bara koda innehållet mot noder som finns i mappen **Nodes**. Det importerade PDF-objektet kommer då att kodas till 100% mot de noder som du namnger.

Importera webbsidor från NCapture

När NCapture har exporterat data från webbsidor, måste du importera det nya web data package (.vcx-filer). När du återvänt till NVivo:

1 Gå till **External Data | Import | From Other Sources →
From NCapture...**
Standard lagringsplats är **Internals**.
Gå till 5.

alternativt

1 Klicka på **[Sources]** i Område 1.
2 Välj mappen **Internals** i Område 2 eller undermapp.
3 Gå till **External Data | Import | From Other Sources →
From NCapture...**
Gå till 5.

alternativt

3 Peka på tom plats i Område 3.
4 Högerklicka och välj **Import → Import from NCapture...**
Dialogrutan **Import From NCapture** visas:

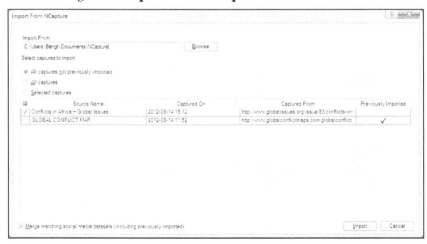

Dialogrutan innehåller alla nyligen importerade poster från NCapture. NVivo kommer att upptäcka om det finns något web data package som du tidigare importerat till det aktuella projektet. Standardinställningen är därför *All captures not previously imported*. Du kan också välja att importera *All captures* eller *Selected captures*.

5 Klicka på **[Import]**.

I vårt exempel är resultatet ett PDF-objekt från en webbsajt 'Conflicts in Africa – Global Issues'. Titeln på webbsidan är samma som namnet på PDF-objektet. Importerade webbsajter klassificeras automatiskt med källklassifikationen 'Reference'. Värden för följande attribut sätts in: Reference Type, Title, keywords, URL och Access Date. Hela PDF-objektet kommer också att kodas mot de två noder som angavs i dialogrutan NCapture, nämligen *Africa* och *Conflicts* och ett länkat memo har skapats med samma namn som PDF-objektet, *Conflicts in Africa - Global Issues.*

När du öppnar ett PDF-objekt är alla hyperlänkar är klickbara som i andra PDF-objekt genom att använda [**Ctrl**] + click.

Sociala media och NCapture

NCapture kan också användas för att hämta en mängd data från Facebook, Twitter och LinkedIn. Web data packages från sociala media kan skapas som PDF-objekt eller Datasets, det senare kommer att vara i fokus i detta avsnitt.

På grund av skillnader i struktur mellan olika sociala media, kommer NCapture att fånga olika typer av data från de olika sajterna. En översikt över funktionerna hos Facebook, Twitter och LinkedIn är utanför ämnet för denna bok men vi vill ändå ge en del förklaringar till de olika typer av data som du fångar från de olika sajterna. Det sätt och det format du fångar beror i viss grad på de personliga inställningar du gör.

Det är viktigt att förstå att du kan samla data från sociala media under lång tid och sen vid lämpligt tillfälle uppdatera data. När du importerar web data packages med data från sociala media, kommer nyare data att sammanfogas med tidigare förutsatt att objektet har samma attributvärden (t ex hashtags, usernames, etc.).

NCapture för data från Facebook

NCapture möjliggör att fånga "wall posts" och data om författarna. Vare sig det är data från en individs Facebook wall (t ex Allan McDougall), en Group wall (t ex Stockholm Sailing Club) eller en Page wall (t ex QSR International), kan NCapture exportera "wall posts", taggar, foton, hyperlänkar, länkbeskrivningar, antal 'likes', kommentarer, kommentera 'likes', datum och klockslag. Vidare kan NCapture exportera författarnamn, kön, födelsedatum, plats, civilstånd, religion och hemvist.

NCapture för data från Twitter

NCapture möjliggör att hämta från Twitter "tweets" och uppgifter om dess författare. Till skillnad från Facebook, som till största delen bygger på att man är "vänner" eller kompisar som gillar en viss sida är Twitter och "tweets" öppet och tillgängligt för alla. Därför kan hela Twitter-sökningar exporteras med NCapture. Vare sig det är för användarströmmar eller sökresultat kan NCapture exportera "tweets" tillsammans med användarnamn, hashtags (user-driven keywords), timestamps, platser, hyperlänkar (om det finns), "retweets", och användarnamn på 'retweeters'. Till skillnad från NCapture's förmåga att exportera demografiska data från Facebook kan NCapture för Twitter fånga data som associeras med en användares inflytande (eller klout), antal "tweets", antal followers, och antalet användare som de följer.

NCapture för data från LinkedIn

Att fånga data från LinkedIn påminner mera om att fånga data från Facebook än Twitter. NCapture kan fånga diskussioner och kommentarer från LinkedIn grupper. Från en LinkedIn grupp kan NCapture exportera information om varje post och författare. Datasets från LinkedIn innehåller varje posts titel, bilagor, timestamp, antal 'likes', och rubrik och författarnamn, plats, industri, födelsedatum och antal vänner.

> **Tips:** Även om du inte kan exportera LinkedIn användarprofil som ett Dataset, kan du ändå exportera profiler som PDF-objekt. Sådana PDF-objekt kan kodas och analyseras efter att de importerats till NVivo.

Exportera data från sociala media med NCapture

När du hittat data från sociala media data som du vill fånga aktiverar du NCapture från Internet Explorer eller Google Chrome som vi beskrivit tidigare. För *web data packages* för sociala media är källtypen normalt Dataset. Du kan ändra från Dataset till PDF-objekt med listrutan.

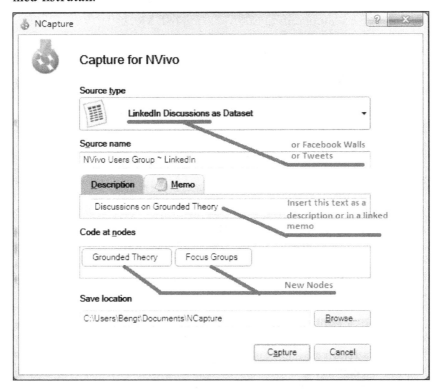

Precis som när du exporterar webbsajter med NCapture kan du skapa en beskrivning, ett länkat memo och noder. När du är klar med dialogrutan, klicka på [**Capture**].

Importera data från sociala media med NVivo

Nu när har du exporterat data från sociala media till ett web data package, är det dags att importera:

1. Gå till **External Data | Import | From Other Sources →
    From NCapture...**
    Standard lagringsplats är mappen **Internals**.
    Gå till 5.

alternativt

1. Klicka på [**Sources**] i Område 1.
2. Välj mappen **Internals** i Område 2 eller undermapp.

3   Gå till **External Data | Import | From Other Sources →
    From NCapture...**
    Gå till 5.

alternativt

3   Peka på tom plats i Område 3.
4   Högerklicka och välj **Import → Import from NCapture...**
    Dialogrutan **Import From NCapture** visas:

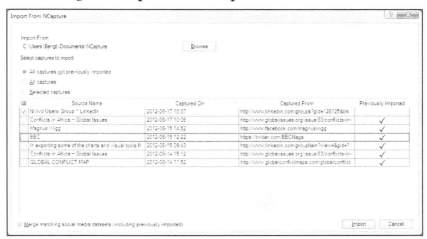

5   Alla nyligen importerade objekt från NCapture är listade.
    NVivo kommer att upptäcka att några web data packages
    har importerats tidigare och därför är alternativet *All
    captures not previously imported* först inställt. Du kan välja
    All captures eller *Selected capture* och bara importera
    nyaste data.
6   Klicka på [**Import**] och resutatet blir som följer:

Exemplet nedan är ett Dataset är som importerats från 'NVivo
Users Group on LinkedIn'. Lägg märke till att detta Dataset innehåller
LinkedIn's gruppnamn. Importerade data från sociala media
klassificeras med källklassifikationen 'Reference'.
Värden för följande attribut sätts in vid importen:
Reference Type, Title, keywords, URL och Access
Date. Som du kommer ihåg från vårt exempel vårt
hela Dataset kommer att kodas mot två noder:
Grounded Theory och *Focus Groups*, och ett länkat
memo har skapats med samma namn som vårt
Dataset, *NVivo Users Group on LinkedIn*.

Nu kan du öppna vårt nya källobjekt och visa det
på flera sätt: Table (öppningsläge), Form, eller som
klusterdiagram. Det sistnämnda visningsläget är
unikt för Dataset från sociala media och gör
vanligtvis klusteranalys på användarnamn.

> När NCapture exporterar
> ett foto från Facebook,
> lagras fotona som separata
> bild-objekt i en egen mapp
> med samma namn som vårt
> dataset. Den ikon som visas
> en är en genväg som gör
> det lätt för dig att navigera
> mellan dataset och bilder.

ID	Commenter Username	Comment Text	Comment Time	Headline	Location	
3	Wendy P	Yes thank you very much for the offer. Ben- I will send you an example!	2012-08-10 17	Program Director, Alliance Research Institute and Qualitative Researcher in CEHP	Greater New York City Area	H C
4	Pablo Gustavo R	I usually first maximize the image to fit the screen and then I export it and it works ok.	2012-08-12 04	Business anthropologist. PhD candidate. Secretary in Latinamerican Association of Qualitative Research (ALIC)	Argentina	G A
5	Sue B	Pablo beat me to it Wendy but I think if you maximize the image (even undock the window so you have a larger view) and then export. it should be fine	2012-08-13 04	Training and Research Consultancy at QSR International	Melbourne Area. Australia	C S

Arbeta med Dataset från sociala media

Det som gör arbete med Dataset från sociala media så spännande och lättarbetat är att det är enkelt att redigera, anpassa, och ger en god överblick över strukturerad data med hjälp av Dataset Properties:

1 Klicka på [**Sources**] i Område 1.

2 Välj mappen **Internals** i Område 2 eller undermapp.

3 Markera det Dataset som du vill redigera.

4 Gå till **Home | Properties | Dataset Properties**
eller högerklicka och välj **Dataset Properties**
eller [**Ctrl**} + [**Shift**] + [**P**].

alternativt

4 Från ett öppnat Dataset, gå till **Home | Properties | Dataset Properties**.

Många möjligheter att studera och redigera ditt Dataset finns här.
Vid fliken **General** kan du ändra namn och beskrivning:

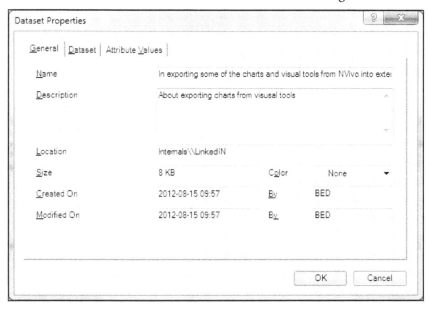

Fliken **Dataset** gör att du kan studera alla fält och flytta dom
uppåt eller nedåt. N'är du importerar web data package, har NVivo
redan bestämt vilka kolumner som är Classifying och vilka kolumner
som är Codable. Vid denna flik kan du också avmarkera *Visible* för
ett fält som du inte behöver.

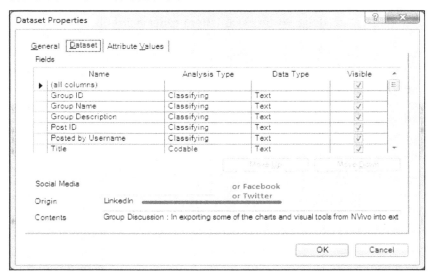

Vid fliken **Attribute Values** kan du se alla attributvärden. Du kan även välja en annan anpassad klassifikation om det passar ditt projekt bättre:

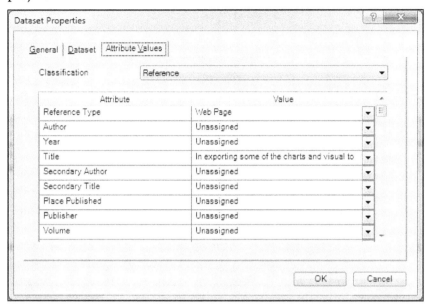

Analysera Dataset från sociala media

Det finns flera intressanta metoder att analysera datatset från sociala media. Precis som för alla Dataset kan du söka efter mönster genom att visa/dölja, sortera och filtera rader och kolumner. Mera avancerade analysfunktioner som Word Frequency Queries och Text Search Queries kan medföra ökad insikt i vissa teman. Även att använda olika visualiseringar av Dataset kan innebära ökad insikt och nya ideer (se sidan 169).

Autokoda Dataset från sociala media

Autokodning är kanske det mest användbara verktyget för arbete med datset från sociala media.

1 Välj ett Dataset i Område 3 som du vill autokoda.
2 Gå till **Analyze | Coding | Auto Code**
 eller högerklicka och välj **Auto Code...**

Guiden **Auto Code Dataset Wizard** – **Step 1** visas:

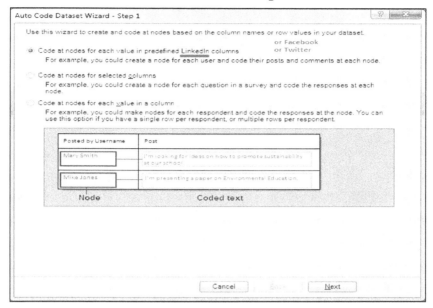

Det första alternativet, *Code at Nodes for each value in predefined LinkedIn (or Facebook or Twitter) columns* är unikt för autokodning av Dataset från sociala media. Här kan vi till exempel skapa noder med allt innehåll som genererats av en användare, eller alla kommentarer från en gruppdiskussion.

   3   Klicka på [**Next**].

Guiden **Auto Code Dataset Wizard** - **Step 2** visas:

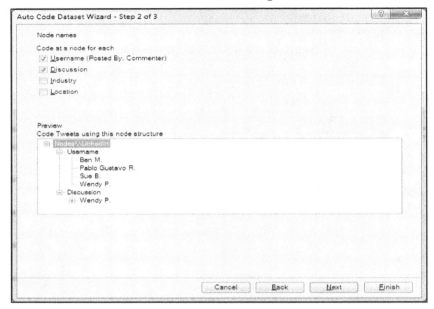

Med guiden **Auto Code Dataset Wizard** kan du granska den nodstruktur som är resultatet av autokodningen. Som du ser av bilden och genom att koda data mot Username och Discussion får man en nodhierarki där all data genererad av varje användare kodas mot en nod med namn efter användaren.

4   Klicka på [**Next**].

Guiden **Auto Code Dataset Wizard** - **Step 3** visas:

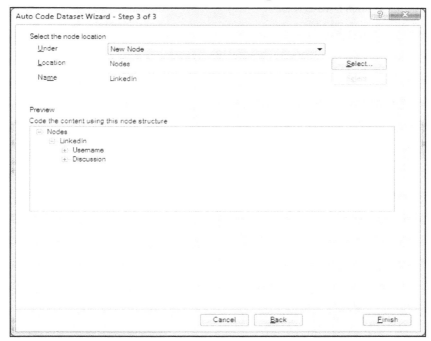

    Standardinställningen skapar noder och en nodklassifikation som kallas LinkedIn User, Facebook User eller Twitter User som klassificerar användarna under respektive toppnod LinkedIn/Username, Facebook/Username eller Twitter/Username. Andra noder har skapats under toppnoderna LinkedIn (Discussion), Facebook (Conversation) eller Twitter (Hashtags).

    Som för andra Dataset inom NVivo, kan guiden Auto Code Dataset Wizard också hjälpa till att skapa noder från kolumner (t ex, alla hashtags blir noder under en toppnod som kallas Hashtags).

    Personliga inställningar kan variera för sociala media så kontakta QSR Support om du har problem med att importera och berarbeta data från sociala media.

    5   Slutligen klicka på [**Finish**].

    Resultatet av dessa kommandon blir förutom ett lätthanterligt Dataset och noder av typ källnoder (Usernames) och tematiska noder (Comment text, Post, Title) även en källklassifikation och en nodklassifikation.

Källklassifikationen **Reference** skapades när data från NCapture importerades som Dataset:

Source Classifications

Name		Created On		Created By
Reference		2012-10-28 08:12		BED

Name	Type	Created On	Created By	Modified On
Reference Type	Text	2012-10-28 08:12	BED	2012-10-28 08:12
Author	Text	2012-10-28 08:12	BED	2012-10-28 08:12
Year	Text	2012-10-28 08:12	BED	2012-10-28 08:12
Title	Text	2012-10-28 08:12	BED	2012-10-28 08:12
Secondary Author	Text	2012-10-28 08:12	BED	2012-10-28 08:12
Secondary Title	Text	2012-10-28 08:12	BED	2012-10-28 08:12
Place Published	Text	2012-10-28 08:12	BED	2012-10-28 08:12
Publisher	Text	2012-10-28 08:12	BED	2012-10-28 08:12

Reference

	A : Reference ...	B : Author	C : Year	D : Title	E : Secondary ...	F : Secondary ...	G : Place Publ...	H : Publisher
1 : NVivo Users ...	Web Page	Unassigned	Unassigned	NVivo Users Grou	Unassigned	Unassigned	Unassigned	Unassigned

Nodklassifikationen **LinkedIn User** skapades när vårt Dataset autokodades med avseende på Username:

Node Classifications

Name		Created On		Created By
LinkedIn User		2012-10-28 09:11		BED

Name	Type	Created On	Created By	Modified On
Posted by Username	Text	2012-10-28 09:11	BED	2012-10-28 09:11
Headline	Text	2012-10-28 09:11	BED	2012-10-28 09:11
Industry	Text	2012-10-28 09:11	BED	2012-10-28 09:11
Location	Text	2012-10-28 09:11	BED	2012-10-28 09:11
Date of Birth	Text	2012-10-28 09:11	BED	2012-10-28 09:11
Number of Connections	Integer	2012-10-28 09:11	BED	2012-10-28 09:11

LinkedIn User

	A : Posted by ...	B : Headline	C : Industry	D : Location	E : Date of Birth	F : Number of ...
1 : Abby K.	Abby K.	Youth Coordinato	Civic & Social Org	Washington D.C.	Unassigned	327
2 : Abdulrahman ...	Abdulrahman H.	VP of IT & Quality	Higher Education	Coventry, United	Unassigned	104
3 : Adam L.	Adam L.	Chief Technology	Computer Softwar	Melbourne Area,	Unassigned	241

Installera NCapture

För Internet Explorer:

1 ladda ner NCapture.IE.exe från QSR's webbsida.
2 Stäng Internet Explorer.
3 Kör NCapture.IE.exe och följ instruktionerna på skärmen och slutför installationen.

För Google Chrome:

1 Kör Google Chrome.
2 Sök rätt på länken med installationsanvisningarna på QSR's webbsida.
3 Följ instruktionerna på skärmen och slutför installationen.

Verifiera versionsnumret av NCapture

För Internet Explorer:
Gå till **Tools → Manage Add-ons**
Se versionsnumret för 'NCapture for NVivo' i listan.

For Google Chrome:
Gå till **Tools → Extensions**
Se versionsnumret för 'NCapture for NVivo' i listan.

19.   ARBETA MED EVERNOTE OCH NVIVO

En av de intressantare nya funktionerna i NVivo 10 är möjligheten att importera data från Evernote. För dig som ännu inte känner till vad Evernote är: Det är en programvara som är utvecklad för att skapa och arkivera anteckningar och bilagor av olika slag. Evernote är nätbaserad, vilket innebär att dina anteckningar lagras på en server och inte på en lokal hårddisk. Namnet Evernote antyder att dina anteckningar arkiveras 'forever' på en Evernote server. Har du tvivel angående sekretess och säkerhet när det gäller att lagra data på en nätbaserad server som Evernote? Rådgör med IT-ansvariga på din institution för att få klarhet i vad slags data du har rätt att lagra på Evernote och andra populära nätbaserade tjänster som Dropbox, Skydrive och Google Drive.

Evernote för datainsamling

Evernote har blivit populärt till stor del för att det fungerar så smidigt för smartphones. Evernote funkar för iPhone, iPad, Android, och Blackberry.

För kvalitativa forskare innebär en smartphone med Evernote en hel räcka nya möjligheter att insamla data. Med samma apparat kan forskarna spela in audio och video, ta bilder, fånga webbsidor för att sedan enkelt ladda upp data för senare import till NVivo 10.

Exportera anteckningar från Evernote

Anteckningar från Evernote måste exporteras som .ENEX filer från Evernote. Detta format är ett slags XML-format, som skall importeras av NVivo. Instruktioner hur man använder Evernote ligger utanför syftet med denna bok, men vi har ändå tagit med en skärmdump med File-menyn i Evernote. För att exportera denna anteckning, gå till **File → Export → Export as a file in ENEX format**:

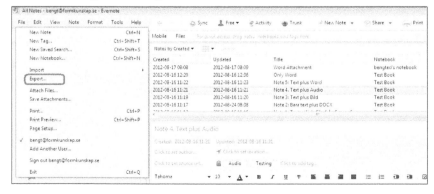

Importera anteckningar från Evernote till NVivo

Tänk på att du kan importera en eller flera anteckningar eller en hel anteckningsbok i form av en .ENEX-fil till NVivo:

1   Gå till **External Data | Import | From Other Sources →**
     From Evernote...
     Standard lagringplats är mappen **Internals**.
     Gå till 5.

alternativt

1   Klicka på [**Sources**] i Område 1.
2   Välj mappen **Internals** i Område 2 eller undermapp.
3   Gå till **External Data | Import | From Other Sources →**
     From Evernote...
     Gå till 5.

alternativt

3   Peka på tom plats i Område 3.
4   Högerklicka och välj **Import → Import from Evernote...**
Dialogrutan **Import from Evernote** visas:

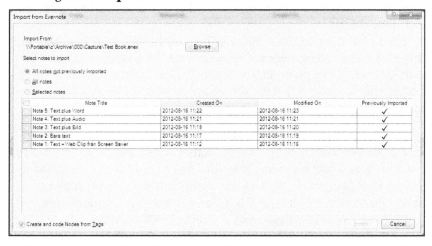

Detta exempel visar dialogrutan för import när en anteckningsbok har exporterats. Listan i dialogrutan innehåller de individuella anteckningar som inryms i .ENEX-filen. NVivo kan detektera om det finns anteckningar som du redan har importerat, och därför är standardinställningen *All notes not previously imported*. Som alternativ kan du välja importera *All notes* eller importera *Selected notes*. Sistnämnda alternativ innebär att du skall markera de anteckningar som du vill importera.

5   Klicka på [**Import**].

Olika format på anteckningar från Evernote

All data från Evernote kommer inte att importeras som interna
källobjekt, så därför är det en bra idé att bekanta sig med de olika
formaten och de olika omständigheterna som gäller:

- Evernote anteckningar (själva texten) blir text-objekt och
  lagras i mappem **Internals** eller undermapp.
- Bifogade filer (t ex PDF, bilder, audio eller video) till
  Evernote anteckningar kommer att importeras som
  respektive objekttyp. Text som tillhör sådana bifogade filer
  kommer att kopieras till ett länkat memo.
- Webbsidor i Evernote (som hämtats med Evernote Web
  Clipper) kommer att importeras som PDF-objekt.

Autokoda dina Evernote taggar

En del Evernote-användare taggar sina anteckningar för att samla
olika anteckningar i breda kategorier för senare referensarbete.
Evernotes taggar påminner om noder i NVivo. En trevlig och
användbar funktion är därför att Evernotes taggar kan konverteras
till NVivo-noder vid import från Evernote. Sådana noder skapas i
mappen **Nodes** (om de inte redan existerar). Dessa noder kodar hela
det importerade källobjektet. Om du inte vill skapa dessa noder när
du importerar från Evernote skall du avmarkera alternativet *Create
and code Nodes from Tags* i dialogrutan **Import from Evernote**.

20. ARBETA MED ONENOTE OCH NVIVO

En annan av de intressantare nya funktionerna i NVivo 10 är
möjligheten att importera data från OneNote. För dig som ännu inte
känner till vad OneNote är: Det är en programvara som är utvecklad
för att skapa och arkivera anteckningar och bilagor av olika slag.
OneNote är nätbaserad, vilket innebär att dina anteckningar lagras
på en server och inte på en lokal hårddisk.

Exportera anteckningar från OneNote

Export to NVivo görs av ett addin program som normalt installeras
samtidigt med NVivo 10. Sidor från OneNote måste exporteras som
.NVOZ filer, vilket är ett slags XML format, som sen skall importeras
till NVivo. En beskrivning över OneNote ligger utanför avsikten med
denna bok men vi har ändå tagit med en skärmdump som visar
menyfliken **Dela** i OneNote. För att exportera dessa sidor, gå till
Share | NVivo | Export:

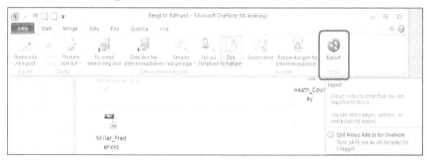

Dialogrutan **Export for NVivo** visas.

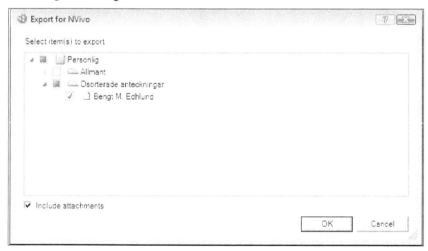

Importera anteckningar från OneNote

När du sparat din .NVOZ fil kan du importera den till NVivo:

1   Gå till **External Data | Import | From Other Sources →
From OneNote...**
Standard lagringsplats är mappen **Internals**.
Gå till 5.

alternativt

1   Klicka på **[Sources]** i Område 1.
2   Välj mappen **Internals** i Område 2 eller undermapp.
3   Gå till **External Data | Import | From Other Sources →
From OneNote...**
Gå till 5.

alternativt

3   Peka på tom plats i Område 3.
4   Högerklicka och välj **Import → Import from OneNote...**
Dialogrutan **Import from OneNote** visas:

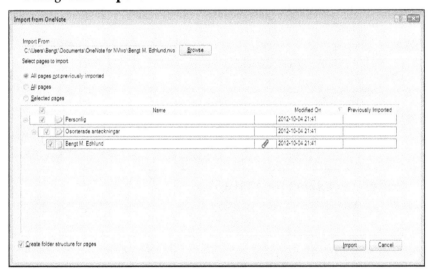

Detta exempel visar dialogrutan för import när en anteckningsbok
har exporterats. Listan i dialogrutan visar individuella anteckningar
som finns i .NVOZ-filen. NVivo kan detektera om det finns
anteckningar i .NVOZ-filen som du redan importerat. Därför är
standarinställningen *All pages not previously imported.* Som
alternativ kan du välja importera *All notes* eller importera *Selected
notes.* Sistnämnda alternativ innebär att du skall markera de
anteckningar som du vill importera.

5   Click **[Import]**.

Olika format på anteckningar från OneNote

All data från OneNote kommer inte att importeras som interna källobjekt, så därför är det en bra idé att bekanta sig med de olika formaten och de olika omständigheterna som gäller:

- OneNote anteckningar (själva texten) blir text-objekt och lagras i mappem **Internals** eller undermapp.
- Bifogade filer (t ex PDF, bilder, audio eller video) till OneNote anteckningar kommer att importeras som respektive objekttyp.

Installera NVivo Addin för OneNote

1 Ladda ner NVivoAddIn.OneNote.exe från QSR's webbsajt.
2 Stäng av OneNote.
3 Klicka på **Kör**.

Verifiera att NVivo Addin för OneNote är installerad

För OneNote 2010:

1 Gå till **File → Options → Add-Ins**.
2 Se efter om 'Export for NVivo' finns på listan.

För OneNote 2007:

1 Gå till **Tools → Options → Add-Ins**
2 Se efter om 'Export for NVivo' finns på listan.

21.   ATT SÖKA OCH SORTERA OBJEKT

Detta kapitel handlar om hur du skall söka efter vissa objekt i projektfilen. Sökverktygen i NVivo är *Find* och *Advanced Find*. En annan användbar funktion för att hitta relationer mellan olika objekt är *Group Queries*, som vi beskrev på sidan 206. Resultatet av sådana här funktioner är en lista med genvägar till de objekt som hittas.

Find

Verktygsraden **Find** finns strax ovanför objektlistan i Område 3. Denna verktygsrad kan visas eller döljas genom att markera **View | Workspace | Find** som är en pendelfunktion. Den enkla funktionen **Find Now** används för att finna källobjekt, memos eller Nodes genom att söka på namnen, inte på innehållet.

1   Vid **Look for** skriver du hela ord eller del av ord som ingår i namnet på ett objekt. Här tillämpas fritextsökning (inte hela ord, inte känsligt för VERSALER eller *gemener*).

2   Listrutan vid **Search In** används för att välja den mapp som sökningen skall begränsas till.

3   Klicka på [**Find Now**].

Resultatet är en lista med genvägar i Område 3. En genväg indikeras med en liten pil i undre högra hörnet av ikonen. Listan kan inte sparas, men du kan skapa ett **Set** av utvalda objekt i listan (se sidan 29).

Advanced Find

Funktionen Advanced Find erbjuder fler alternativ till mera sofistikerade sökningar.

1 I verktygsraden **Find** klicka på **Advanced Find**
eller gå till **Query | Find | Advancd Find**
eller **[Ctrl]** + **[Shift]** + **[F]**.

Diaogrutan **Advanced Find** visas.

Listrutan vid **Look For** har följande alternativ:

- Sources
- Documents
- Audios
- Videos
- Pictures
- Datasets
- PDFs
- Externals
- Memos
- Framework Matrices
- Nodes
- Relationships
- Node Matrices
- Source Classifications
- Node Classifications
- Attributes
- Relationship Types
- Sets
- Queries
- Results
- Reports
- Extracts
- Models
- All

Som ett exempel på sökning med Advanced Find: Du kan söka efter text i rutan Description för en viss typ av objekt.

Fliken Intermediate

Flikarna **Intermediate** och **Advanced** är oberoende av varandra.
Detta är fliken **Intermediate** i dialogrutan **Advanced Find**:

Så snart något alternativ har valts blir motsvarande [**Select...**]-
knapp aktiverad och öppnar dialogrutan **Select Project Items**. Det
exakta utseendet av dialogrutan beror på vilket alternativ du valt.

Denna funktion kan användas för att skapa en lista objekt som
matchar givna kriteria som till exempel:

- Noders som skapade *förra veckan*
- Noder som klassas som *Male*
- Memos med en See Also-länk från noden *Adventure*
- Textobjekt som är kodade mot noden *Passionate*
- Noder som kodar textobjektet *Volunteers Group 1*
- Sets som innehåller *Noder*

Fliken Advanced

Fliken **Advanced** erbjuder andra typer av kriteria:

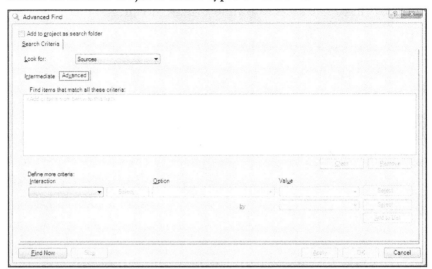

Listrutan vid **Interaction** beror av den objekttyp du har valt vid **Look for**. Till exampel, om *Documents* har valts har listrutan följande alternativ:

- Document
- Name
- Description
- Created
- Modified
- Size (MB)
- Attribute

1 Välj *Nodes* från listrutan vid **Look for:**. I avsnittet *Define more criteria* har listrutan följande alternativ speciellt för Nodes.
I detta fall, välj:
Age Group / equals value / 50-59 och dialogrutan ser ut så här:

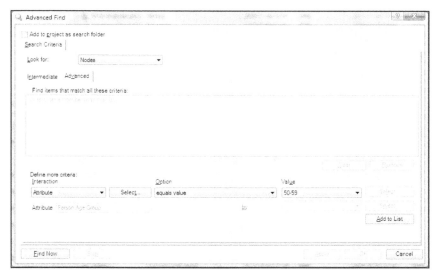

2 Klicka på [**Add to List**] och kriteriet flyttas till rutan **Find items that match all these criteria**.

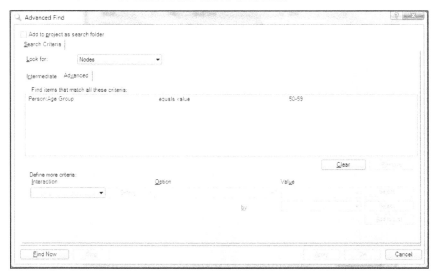

3 Nu kan du lägga till ytterligare kriterier till exempel en begränsning till kvinnor. Återigen, klicka på [**Add to List**].

4 Slutligen sker sökningen med [**Find Now**] och resultatet kan se ut så här:

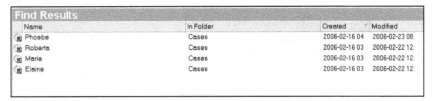

Resultatet är en lista med genvägar som matchar sökkriteriet. Denna lista kan sparas i en undermapp till mappen **Search Folder**. En sådan undermapp skapas genom att markera *Add to project as search folder* i dialogrutan **Advanced Find**. Dialogrutan **New Search Folder** visas. Skriv namn (obligatoriskt) och eventuellt en beskrivning:

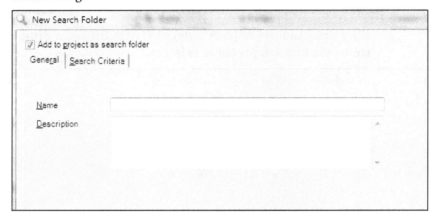

Klicka på [**Folders**] i Område 1 för att öppna mappen **Search Folders** i Område 2 och då finner du den nya mappen. Klicka på mappen och hela listan med genvägar visas i Område 3.

Du kan också skapa ett **Set** av utvalda genvägar från denna lista (se sidan 29).

Sortera objekt

Detta avsnitt gäller alla objekt som kan förekomma i objektlistan i Område 3, men ibland också i Område 4. Till exempel, när en nod öppnas i visningsläge Summary, visas en lista med genvägar i Område 4.

1 Visa en lista med objekt i Område 3.

2 Gå till **Layout | Sort & Filter | Sort By → <select>**.

Alternativen beror på typen av objekt i listan. Noder, till exempel, kan arrangeras hierarkiskt, så för noder finns en speciell möjlighet att sortera, Custom.

1 Visa en lista med noder i Område 3.

2 Gå till **Layout | Sort & Filter | Sort By → Custom**.

3 Markera den eller de noder som du vill flytta. Om du vill flytta mer än en nod måste de vara närbelägna.

4 Gå till **Layout | Rows & Columns | Row → Move Up/ Move Down**

eller **[Ctrl] + [Shift] + [U]/[Ctrl] + [Shift] + [D]**.

Denna sortering sparas automatiskt även om du tillfälligt ändrar den. Du kan alltid återvända till din egen sortering:

1 Visa en lista med noder i Område 3.

2 Gå till **Layout | Sort & Filter | Sort By → Custom**.

Detta är en pendelfunktion. När du användar kommandot igen sorteras noderna i motsatt ordning.

Du kan också använda kolumnhuvud för att sortera. Sortering med kommando eller sortering med kolumnhuvud lägger alltid till en liten triangel i kolumnhuvudet. Om du klickar på nytt sorteras objekten i motsatt ordning.

Nodes							
Name	Sources	References	Created O	Created By	Modified O	Modified By	
Attitude		880	2010-05-1	WWS	2010-06-2	WWS	
Balance		16	2010-05-1	WWS	2010-11-0	BME	
Community	18	101	2010-05-1	WWS	2010-11-0	BME	
Economy	24	275	2010-05-1	WWS	2010-11-0	BME	
Agriculture	8	20	2010-05-1	WWS	2010-11-0	BME	
Fishing or s	18	168	2010-05-1	WWS	2010-11-0	BME	
Fishing	13	158	2010-06-1	HGP	2010-11-0	BME	

22. OM TEAMWORK

Allteftersom teknologi och tvärvetenskap möjliggör komplexa kvalitativa studier, blir strukturer för teamwork alltmer vanligt och viktigt. Med avseende på NVivo är det därmed några fundamentala observationer och ställningstaganden man måste göra. Flera användare kan i tur och ordning arbeta i samma projektfil. Samma fil kan dock bara öppnas av en användare i taget. Varje medlem sätter sin identitet på de objekt som bearbetas.

Alternativt kan var och en arbeta i sin projektfil som sedan vid fastställda tidpunkter sammanfogas till ett masterprojekt.

Vid arbete i teamwork kan man ställas inför dessa alternativa sätt att arbeta:

- Medlemmarna arbetar med samma data men var och en skapar sina egna noder och kodar därefter
- Varje medlem arbetar med olika data men använder en gemensam nodstruktur
- Varje medlem arbetar med både samma data och samma nodstruktur

Sammanfoga projekt beskrivs på sidan 51 och tänk noga igenom de alternativ som framgår av dialogrutan **Import Project**. Om noder med samma namn skall sammanfogas markerar man Merge into existing item. Tänk på att noder och andra objekt måste ha samma namn och finnas på samma nivå i mappstrukturen för att kunna sammanfogas och källobjekt måste ha exakt samma innehåll.

NVivo har flera användbara verktyg för samarbete i team för gemensam dataanalys:

- *View Coding Stripes by Selected Users* (eller *View Substripes*).
- *View Coding by Users* i en öppen nod.
- *Coding Comparison Queries* för att jämföra två kodares arbete med samma källobjekt och samma noder. Detta är en viktig funktion som väsentligt ökar projektets validitet och ger ett mått på reliabiliteten mellan olika observationer.

Current User

Ett viktigt begrepp av betydelse för teamwork in NVivo är **Current User**. Gå till **File → Options** och fliken **General** i dialogrutan **Application Options** identifierar Current user. När ett projekt är öppet kan du ändra Current user. Det går däremot inte att lämna namn- eller initial-rutorna tomma.

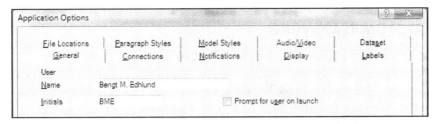

Om du markerar alternativet *Prompt for user on launch* kommer dialogrutan **Welcome to NVivo** alltid att kräva namn och initial när NVivo startas:

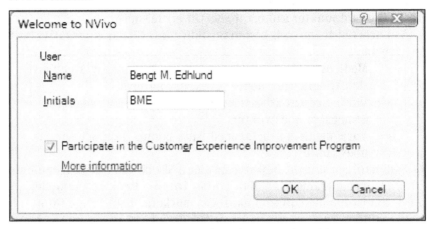

Alla som har arbetat med projektet listas under fliken **Users** i dialogrutan **Project Properties**:

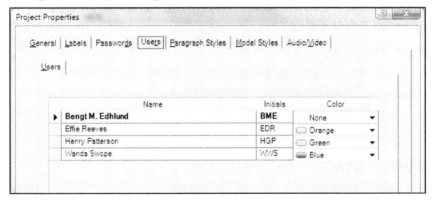

Current user skrivs med fetstil. Den lilla triangeln i vänstra kolumnen indikerar den användare som skapade projektet. I denna dialogruta kan du ändra initialer men inte namn. Är det två eller fler namn på listan kan du ta bort ett namn och ersätta med ett annat. byta. Markera ett namn och klicka på [**Remove**]. Då får du frågan vem på listan som ersätter.

Till vänster i statusfältet står initialen på Current user:

Initialerna används för alla objekt så att man kan se vilken
användare som skapat eller modifierat objektet.

Visa kodning per användare

NVivo kan visa den kodning som gjorts av en viss medlem i gruppen:
1. Öppna den nod som du vill granska.
2. Gå till **View | Detail View | Node → Coding by Users →
   <select>**.
3. Välj något a alternativen *All Users, Current User, Selected
   User..., Select Users...*

Grundinställningen är *All Users* och ändrar du här kommer det
valda alternativet stå kvar under pågående arbetspass. Om du väljer
Select Users visas i **fetstil** de användare som kodat mot denna nod.
När en viss användare valts visas en filtertratt i statusfältet.

   BME   35 Items   Linked   Sources: 6 References: 16   Filtered

Visa kodlinjer

Kodlinjer (Coding stripes och sub-stripes) kan ställas in så att de
visar den kodning som enskilda medlemmar har gjort (se sidan 167):
1. Öppna det källobjekt eller den nod som du vill granska.
2. Gå till **View | Coding | Coding Stripes → Selected Items**.

Dialogrutan **Select Project Items** visas. Bara de noder som
använts i aktuellt objekt har namn med fetstil. När vi väljer **Users**
(och väljer vissa användare) visas en kodlinje per vald användare
och när man pekar på en sådan linje visas namn på de noder som
varje användare kodat mot. Betyder att sub-stripes är noder:

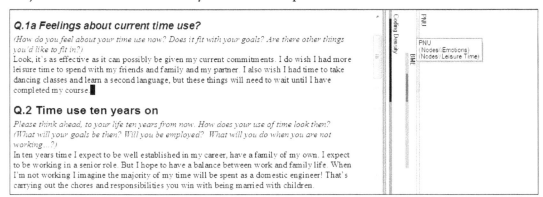

När man i stället väljer **Nodes** (och väljer vissa noder) visas en kodlinje per vald nod och när man pekar på en sådan linje visas namn på de användare som kodat mot dessa noder. Betyder att sub-stripes är Users:

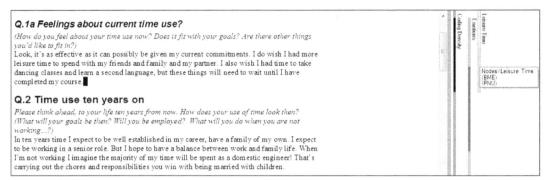

Du kan också visa sub-stripes samtidigt som vanliga kodlinjer genom att peka på en kodlinje, högerklicka och välja **Show sub-stripes → More sub-stripes...** och välja den eller de sub-stripes som du vill visa. Här visas sub-stripes för användare:

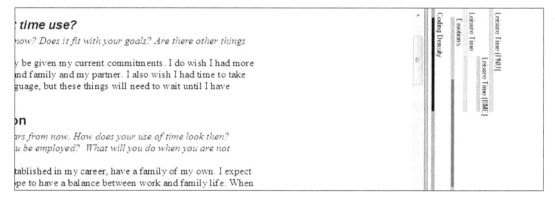

Coding Comparison Query

För projekt där man vill studera reliabiliteten mellan olika observationer är det möjligt att jämföra hur två kodare eller två grupper av kodare har kodat samma material. Detta är möjligt under förutsättning att samma källmaterial och samma nodstruktur använts:

1   Gå till **Query | Create | Coding Comparison**
    Standard lagringsplats är mappen **Queries**.
    Gå till 5.

alternativt
1 Klicka på [**Queries**] i Område 1.
2 Välj mappen **Queries** i Område 2 eller undermapp.
3 Gå till **Query | Create | Coding Comparison**
Gå till 5.
alternativt
3 Peka på tom plats i Område 3.
4 Högerklicka och välj **New Query → Coding Comparison**
Dialogrutan **Coding Comparison Query** visas:

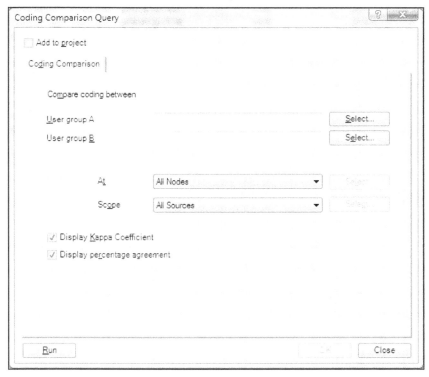

5 Definiera User group A och B med [**Select...**]-knapparna som
gör att du kan välja bland de användare som arbetat i
projektet.
6 Listrutan vid **At** bestämmer vilken eller vilka noder som
skall jämföras.
7 Listrutan vid **Scope** bestämmer vilken eller vilka källobjekt
som skall jämföras.
8 Välj åtminstone ett av alternativen *Display Kappa
Coefficient* eller *Display percentage agreement.*
9 Du kan spara frågan genom att markera *Add To Project* och
sedan namnge frågan.
10 Kör frågan med [**Run**].

Resultatet kan se ut så här:

Node	Source	Source Fold	Source Size	Kappa	Agreement	A and B (%)	Not A and Not	Disagreeme	A and Not B	B and Not A
Communi	Thomas	Internals\In	4952 chars	0.5929	98.24	9.87	79.36	10.76	0	10.76
Communi	Thomas	Internals\In	4952 chars	0.9456	97.88	25.44	72.44	2.12	0.24	1.88
Economy	Thomas	Internals\In	4952 chars	0.2811	91.3	2.12	89.18	8.7	4.14	4.56
Economy	Thomas	Internals\In	4952 chars	0.9547	98.42	21.61	76.82	1.58	1.53	0.04
Natural e	Thomas	Internals\In	4952 chars	0	91.05	0	91.05	8.95	0	8.95

Kolumnerna för procentsatser har följande betydelse:

- **Agreement Column** = summan av kolumnerna **A and B** och **Not A and Not B**.
- **A and B** = procentandelen data som kodats till den valda noden av både grupp A och grupp B.
- **Not A and Not B** = procentandelen data som kodats varken av grupp A eller grupp B.
- Disagreement Column = summan av kolumnerna A and Not B och B and Not A.
- **A and Not B** = procentandelen data som kodats av grupp A men inte av grupp B.
- **B and Not A** = procentandelen data som kodats av grupp B men inte av grupp A.

För varje rad i resultatet av en Coding Comparison Query kan den aktuella noden studeras så här:

1 Markera en rad från resultatlistan.
2 Gå till **Home | Open | Open Node...**
   eller högerklicka och välj **Open Node...**
   eller kortkommando **[Ctrl] + [Shift] + [O]**

Noder som öppnas från en sådan resultatlista visas med kodningslinjer och substripes för var och en av de användare som jämförs.

För varje rad i resultatet av en Coding Comparison Query kan det aktuella källobjektet studeras så här:

1 Markera en rad från resultatlistan.
2 Gå till **Home | Open | Open Source...**
  eller högerklicka och välj **Open Source...**
  eller dubbelklicka på raden.

Källobjekt som öppnas från en sådan resultatlista visas med kodningslinjer och sub-stripes för var och en av de användare som jämförs:

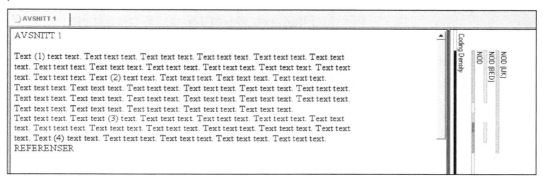

Kodlinjerna kan för övrigt alltid visa varje individuell kodares arbete. Detta görs genom att peka på en viss kodlinje, högerklicka och välj **Show Sub-Stripes** och sedan välja en eller flera användare. Man döljer på motsvarande sätt med **Hide Sub-Stripes**.

Models and Reports

Vid projektmöten är det mycket illustrativt att använda sig av Models som beskrivits i kapitel 23, Models. En nodstruktur blir lätt att förstå och kan diskuteras med hjälp av dessa scheman.

Rapporter skapas genom att gå till **Explore | Reports | New Report** eller genom att använda någon av de Report-mallar som ingår i NVivo 10. Dessa Reports kan till exempel användas för visa hur noder och kodning gjorts av olika medlemmar i gruppen, se kapitel 25, Reports och Extracts.

Tips för Teamwork

Baserat på vår mångåriga erfarenhet och samarbete med åtskilliga kvalitativa forskare som använder NVivo är vi stolta över att erbjuda våra läsare följande tips för arbete i grupp med olika NVivo-projekt:

- Utse en **NVivo-samordnare** för hela forskningsprojektet.
- Utarbeta **praxis för filnamn**, Word-mallar, skrivskydd, lagring, backup och distribution av filer. Hur arkiveras tidigare versioner?
- Hur skall **ljud- och videofiler** skapas (format etc.) och distribueras? Skall de lagras som inbäddade objekt eller externa filer?
- Utarbeta en **nodstrategi**. Denna kan distribueras på flera sätt. Man kan göra en nodmall som består av ett projekt med enbart noder dvs utan källobjekt. Till varje nod bör finnas en instruktion som kan skrivas i fältet Description (max 512 tecken) eller hellre i form av ett länkat memo, som är lättare att skriva, läsa och skriva ut. En sådan mall kan sedan distribueras till team-medlemmarna och sparas med nytt namn och sedan kan man importera dokument och utveckla projektet. En sådan nodstruktur får inte modifieras av användarna. När nya idéer uppstår skall de i stället dokumenteras i form av nya, öronmärkta noder.
- Bestäm hur **nodklassifikationer** och **källklassifikationer** skall användas. Sådana noder kan vara intervjupersoner eller andra undersökningsobjekt som t ex platser, yrkesgrupper, produkter, organisationer, fenomen. Man kan givetvis använda flera klassifikationer i samma projekt.
- Utarbeta **praxis för masterprojektet** och uppdatering av sammanfogade projekt. Definiera ett nytt projekt med ett nytt namn som tydligt visar att det är ett sammanfogat projekt.
- Håll regelbundna **projektmöten** som bör omfatta alla de möjligheter till jämförelser av gjorda arbeten som nämns i detta avsnitt. Protokollför möten, diskussioner och beslut.
- Utarbeta regler för hur **usernames** skall anges så att det inte råder någon tvekan om de olika medlemmarnas bidrag till projektet.

Fortsatt arbete

Efter att ha studerat ett sammanfogat projekt finns det egentligen två alternativ till fortsatt arbete:

- Var och en av deltagarna fortsätter med sina individuella projekt och vid en ny överenskommen tidpunkt gör man en helt ny sammanfogning och lämnar det tidigare sammanfogade projektet till arkivet.
- Forsätt att arbeta i det sammanfogade projektet och lämna i stället de individuella projekten för arkivering.

Man kan tänka sig att man fortsätter enligt första alternativet ovan fram till en viss tidpunkt för att småningom besluta sig för att enbart fokusera på det sammanslagna projektet.

Om "molnet"

Flera forskare som vi arbetat med använder fildelningstjänster på "Molnet" som t ex DropBox, SkyDrive och Google Drive när de samarbetar i ett NVivo Project. Sådana tjänster medger ändringar i NVivo projektet tvärsöver flera datorer som alla använder 'molnet'. Vi rekommendera att stänga av synkroniseringen (pause syncing) medan ni kör NVivo. Vi har kontaktats av flera användare som har förlorat data när de samtidigt använder NVivo och synkar med fildelningen. Emellertid, molnbaserade tjänster kan vara användbara för grupparbete bara man tänker på att vidtaga erfarenhetsbaserade åtgärder för att undvika att förlora värdefullt analysarbete när programvaror krashar.

Om NVivo Server

QSR International har utvecklat en lösning för kvalificerat grupparbete som kallas NVivo Server. Projekt som lagras i NVivo Server kan vara avsevärt större, upp till 100 GB. NVivo Server gör det möjligt att flera användare kan arbeta i samma projekt från olika datorer samtidigt. Vi stöder visserligen NVivo Server, men det är ändå utom syftet med denna bok att beskriva dess funktioner. För de som är intresserade av att veta mer om NVivo Server: kontakta oss gärna så skall vi ge den information som ni önskar.

23. MODELS

Models är ett sätt att grafiskt åskådliggöra ett projekt och dess komponenter. Models är avsedda att användas medan forskningen pågår eller när resultatet redovisas och utgör därför ett verktyg som beskriver dina framväxande idéer på ett överskådligt och pedagogiskt sätt. Vid arbete i grupp är models ett utmärkt sätt att presentera projektet och föra diskussioner i forskningsteamet.

Olika mallar för grafiska objekt för kommande nya projekt tas fram med **Application Options**, fliken **Model Styles**, sidan 43 och mallar för användning enbart i det aktiva projektet tas fram med **Project Properties**, fliken **Model Styles**, sidan 56.

Skapa ny Model

1   Gå till **Explore | Models | New Model**.
    Standard lagringsplats är mappen **Models**.
    Gå till 5.

alternativt

1   Klicka på [**Models**] i Område 1.
2   Välj mappen **Models** i Område 2 eller undermapp.
3   Gå till **Explore | Models | New Model**.
    Gå till 5.

alternativt

3   Peka på tom plats i Område 3.
4   Högerklicka och välj **New Model...**

Dialogrutan **New Model** visas:

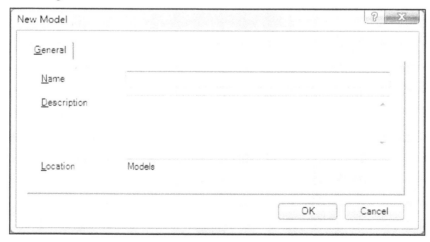

5   Skriv namn (obligatoriskt) och eventuellt en beskrivning, sedan [**OK**].

Ett nytt fönster bildas i Område 4 och det är en bra idé att göra
fönstret flytande med kommandot **View | Window | Docked** och
därmed får du mera utrymme på skärmen:

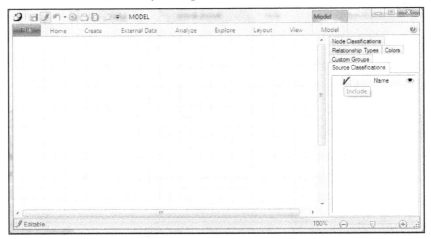

Menyfliken **Model** öppnas.

6   Gå till **Model | Items | Add Project Items**
    eller högerklicka och välj **Add Project Items...**

Dialogrutan **Select Project Items** visas:

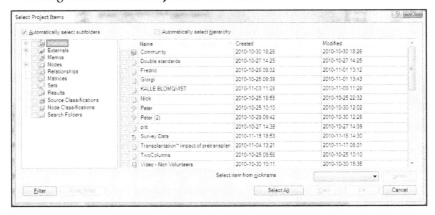

7   Välj mappen **Nodes** och noden *Foreign Countries*,
    sedan **[OK]**.

Dialogrutan **Add Associated Data** visas. Exakt utseende på denna dialogruta beror på vilken typ av objekt du valt i föregående dialogruta.

8   Vi väljer *Parents* och *Sources Coded*, sedan [**OK**].

Om du hade valt mappen **Internals** och något källobjekt hade dialogrutan **Add Associated Data** haft följande utseende:

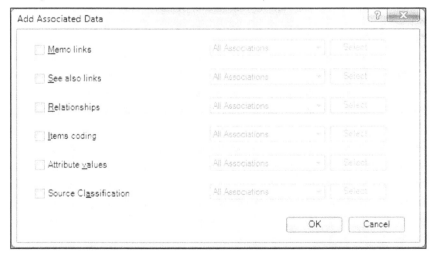

Resultatet kan se ut så här. Det finns många alternativa funktioner att använda för att förtydliga grafen.

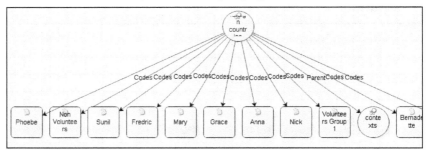

9   Gå till **Model | Display | Layout**
    eller högerklicka oh välj **Layout...**
Dialogrutan **Model Layout** visas:

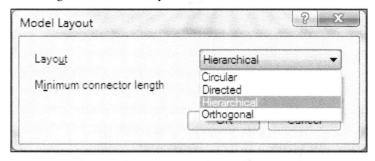

10   Välj ett alternativ från listrutan vid **Layout**,
     bekräfta med [**OK**].

Visa färgkoder

Möjligheten att ange färgkoder till individuella objekt kan användas så här för Models:

1   Öppna en Model utan skrivskydd.
2   Gå till **View | Visualization | Color Scheme → Item Colors**.

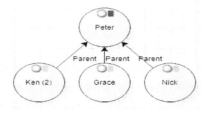

Intill symbolen för objektet skapas en liten ruta med aktuell färg.

Skapa en statisk Model

En statisk Model är oberoende av sina länkade objekt. En statisk Model kan inte redigeras.

1   Skapa eller öppna en dynamisk Model.

2   Gå till **Create | Items | Create As → Create As Static Model...**
eller högerklicka och välj **Create As → Create As Static Model...**

Dialogrutan **New Model** visas.

3   Skriv namn (obligatoriskt) och eventuellt en beskrivning, sedan **[OK]**. Detta objekt lagras i samma mapp som dess dynamiska förebild.

Skapa grupper

Model-grupper gör att du kan visa, dölja eller välja flera grafiska objekt i en Model.

1   Skapa eller öppna en dynamisk Model utan skrivskydd.

Se till att Custom Groups fönstret till höger visas. Visa och dölja styrs med **Model | Display | Model Groups** som är en pendelfunktion.

2   Klicka på fliken *Custom Groups* i detta fönster.

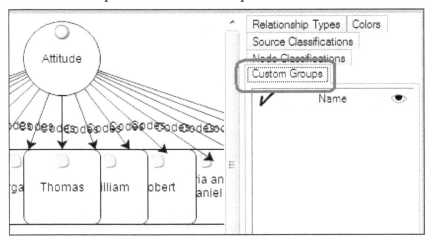

3   Gå till **Models | Groups | Group → New Group...**
eller peka på fönstret Custom Groups, högerklicka och välj **New Group...**

Dialogrutan **Model Group Properties** visas:

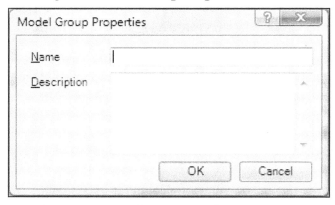

4   Skriv namn (obligatoriskt) och eventuellt en beskrivning, sedan [**OK**].
5   Välj de grafiska objekt som du vill skall tillhöra den nya gryuppen. Använd [**Ctrl**] för att välja flera objekt.
6   Markera kolumnen med ✔ i raden för den nya gruppen.

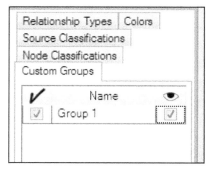

För att visa och dölja en viss grupp, klicka på kolumnen markerad med ett öga i raden för denna grupp.

Lägga till flera grafiska objekt

1   Gå till **Model** | **Shapes** → <select> och välj en figur från listan eller peka på den ungefärliga plats där du vill placera den nya figuren, högerklicka och välj **New Shape** och välj sedan en figur från listan.
2   Markera det nya objektet.
3   Gå till **Home** | **Item** | **Properties** eller högerklicka och välj **Shape/Connector Properties**.

Dialogrutan **Shape Properties** visas:

4   I textrutan **Name** skriver du den text som skall placeras inne i figuren, sedan [**OK**].

Grafiska objekt som infogats på detta sätt saknar den lilla symbol som representerar en länk till ett objekt. När länkade objekt tas bort placeras ett litet rött kors över länksymbolen.

Grafiskt objekt   Grafiskt objekt   Grafiskt objekt
från ett länkat   från ett länkat   från infogad figur
projekt-objekt   projekt-objekt som
                          tagits bort

Skapa förbindelser mellan grafiska objekt

1   Markera två grafiska objekt.
2   Gå till **Model | Connectors | <select>**
      Välj ett av dessa alternativ:

Ta bort grafiska objekt och figurer

1 Markera ett eller flera grafiska objekt eller figurer.
2 Gå till **Home | Editing → Delete**
   eller högerklicka och välj **Delete**
   eller **[Del]** -tangenten.

Konvertera grafiska figurer

Grafiska figurer kan konverteras till länkade objekt:

1 Markera en grafisk figur.
2 Gå till **Model | Items | Convert To → Convert To Existing Project Item**
   eller högerklicka och välj **Convert To → Convert To Existing Project Item**.
3 Dialogrutan **Select Project Item** visas och du kan välja bland alla existerade objekt utom dom som redan använts i aktuell Model. Sådana objekt är grååde.
4 Bekräfta med **[OK]**.

Länkade grafiska objekt kan konverteras till grafiska figurer:

1 Markera en eller flera grafiska objekt.
2 Gå till **Model | Items | Convert To → Convert To Shape/Connector**
   eller högerklicka och välj **Convert To → Convert To Shape/Connector**.

Den grafiska figuren behåller sin form och bara länken till objektet tas bort.

Redigera ett grafiskt objekt

Redigera associationer

När ett grafiskt objekt har infogats är det möjligt att ändra eller uppdatera dess associationer till andra objekt vid senare tillfälle:

1 Markera ett eller flera grafiska objekt.
2 Gå till **Model | Items | Add Associated Data**
   eller högerklicka och välj **Add Associated Data...**

Dialogrutan **Add Associated Data** visas. Utseendet på denna
dialogruta beror på den typ av objekt du har valt:

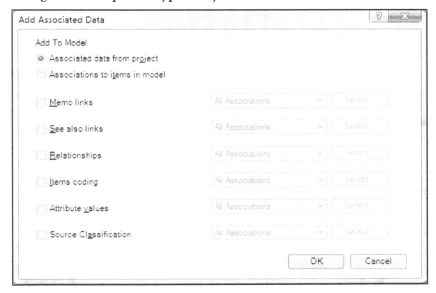

Associated data from project betyder att data och objekt från hela
projektet kan tillfogas.

Associations to items in model betyder att data och objekt från
aktuell Model kan tillfogas.

   3   När du valt de alternativ du önskar, klicka på **[OK]**.

Ändra textformat
   1   Markera ett flera grafiska objekt eller figurer.
   2   Gå till **Home | Format** → **<select>**.
   3   Välj typsnitt, storlek och färg.

Använda stilmallar för grafiska objekt och figurer
Tillgängliga mallar finns listade under fliken **Model Styles** i
dialogrutan **Project Properties,** se sidan 56.
   1   Markera ett flera grafiska objekt eller figurer.
   2   Gå till **Home | Styles** → **<select>**.
   3   Välj en stilmall och bekräfta med **[OK]**.

Ändra fyllnadsfärg
   1   Markera ett flera grafiska objekt eller figurer.
   2   Gå till **Home | Format | Fill**.

Dialogrutan **Fill** visas:

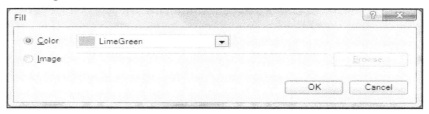

3   Välj fyllnadsfärg från listrutan vid *Color* eller använd en bildfil genom att välja *Image* och sedan **[Browse...]**.
4   Bekräfta med **[OK]**.

Ändra linjefärg och stil
1   Markera ett eller flera grafiska objekt eller figurer.
2   Gå till **Home | Format | Line**.

Dialogrutan **Line** visas:

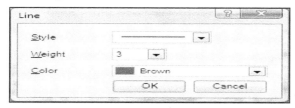

3   Välj linjefärg, stil och tjocklek.
4   Bekräfta med **[OK]**.

Exportera din Model
NVivo 10 kan exportera dina Models som .JPEG, Bitmap, .GIF eller .SVG bildfiler.
1   Klicka på **[Models]** i Område 1.
2   Välj mappen **Models** i Område 2 eller undermapp.
3   Välj den Model i Område 3 som du vill exportera.
4   Gå till **External Data | Export | Export → Export Item** eller högerklicka och välj **Export → Export Model...** eller **[Ctrl] + [Shift] + [E]**.
5   Bestäm lagringsplats, filtyp och filnamn, sedan **[Save]**.

Det är säkert intressant för de forskare som gillar att syssla med grafisk formgivning och kanske använder Adobe InDesign eller Microsoft Visio, att NVivo kan exportera Models som Scalable Vector Graphic filformat (.SVG). Sådana bildfiler är optimerade för webbläsare och lämpliga att importera till programvaror för grafisk formgivning. Du skulle t ex kunna presentera en snygg Model optimerad för en affish eller en flyer inför nästa presentation av ditt projekt. Våra läsare är välkomna att kontakta oss för mer information om hur man arbetar med .SVG filer utanför NVivo 10.

24. ÖVRIGA VISUELLA HJÄLPMEDEL

De visuella hjälpmedel som NVivo ställer till vårt förfogande är:

- Models
- Charts
- Word Trees
- Cluster Analysis
- Tree Maps
- Graphs

Models behandlas i kapitel 23, Models.

Charts behandlas i kapitel 12, Att koda, avsnitt Charts, sidan 169.

Word Trees behandlas i kapitel 13, Sökfrågor, avsnitt Text Search Queries, sidan 186.

Cluster Analysis

Cluster analys är en teknik som används för att visualisera mönster i material genom att gruppera källobjekt eller noder som använder samma ord, samma attributvärden eller är kodade på liknande sätt. Cluster diagram är en grafisk representation av objekt som gör det lätt att se likheter eller olikheter. Objekt som visas nära varandra i diagrammet är mera lika varandra än de som ligger långt från varandra.

1   Gå till **Explore | Visualizations | Cluster Analysis**.

Guiden **Cluster Analysis Wizard – Step 1** visas:

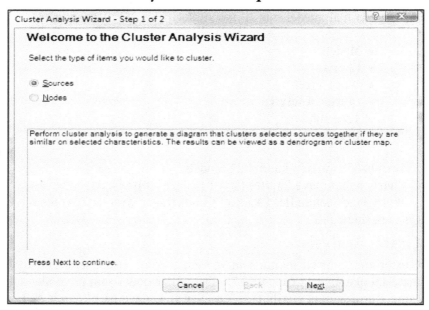

2   Vi vill analysera några PDF-objekt. Vi väljer *Sources* och
klickar på [**Next**].

Guiden **Cluster Analysis Wizard – Step 2** visas:

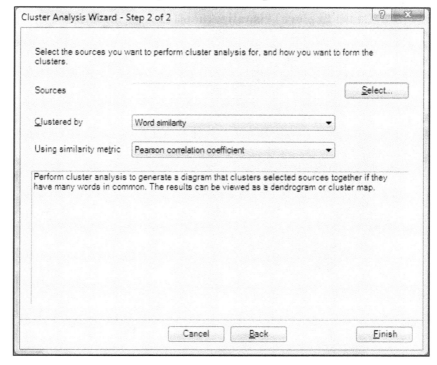

Under listrutan vid **Clustered by** finns följande alternativ: *Word similarity, Coding similarity* och *Attribute value similarity.*

Under listrutan vid **Using similarity metric** finns följande alternativ: *Jaccard's coefficient, Pearson correlation coefficient* och *Sørensen coefficient.*

3   Med [**Select**] öppnas dialogrutan **Select Project Items** och vi kan välja PDF-objekten (artiklar).

4   Klicka på [**Finish**].

Menyfliken **Cluster Analysis** öppnas och du kan välja mellan 2D Cluster Map, 3D Cluster Map, Horizontal Dendrogram eller Vertical Dendrogram. Grundalternativet är Horizontal Dendrogram:

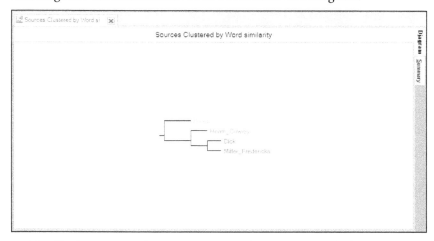

Gå till **Cluster Analysis | Type | 2D Cluster Map** och då visas följande diagram:

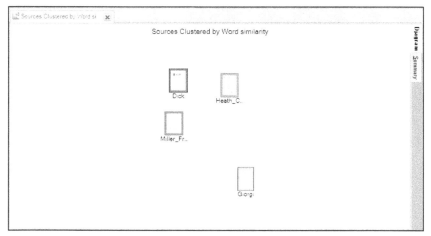

Gå till **Cluster Analysis** | **Type** | **3D Cluster Map** och då visas följande diagram:

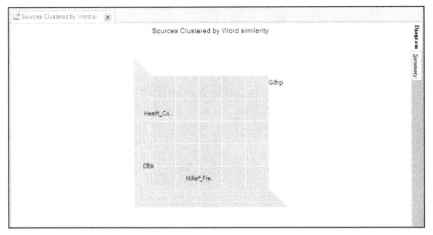

Fliken Summary till höger visar de beräknade koefficienterna för alla par av objekt i klustret:

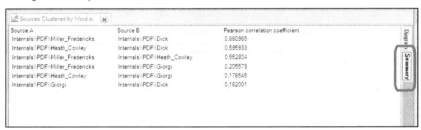

Med **Cluster Analysis** | **Options** | **Select Data** kan du välja typ av koefficient. **Cluster Analysis** | **Options** → **Clusters** kan ställas in på antal mellan 1 and 20 (10 är grundinställningen) och det betyder antal färger som används i klusterdiagrammet.

Ett klusterdiagram kan också användas så här: Välj ett objekt i diagrammet, högerklicka och menyalternativen är: **Open Source** (eller dubbelklicka eller [**Ctrl**] + [**Shift**] + [**O**]), **Export Diagram, Print, Copy** (hela diagrammet), **Run Word Frequency Query, Item Properties, Select Data**.

Tree Maps

Tree Maps är ett sätt att visa hur källobjekt eller noder förhåller sig
till viss information:

1   Gå till **Explore** | **Visualizations** | **Tree Maps**.

Guiden **Tree Map Wizard – Step 1** visas:

Vi vill analysera våra intervjuer.

2   Klicka på [**Next**].

Guiden **Tree Map Wizard – Step 2** visas:

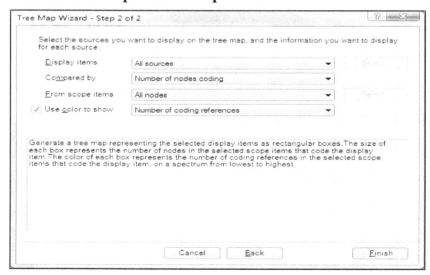

3   Klicka på [**Finish**].

Menyfliken **Tree Map** öppnas och resultatet kan se ut så här:

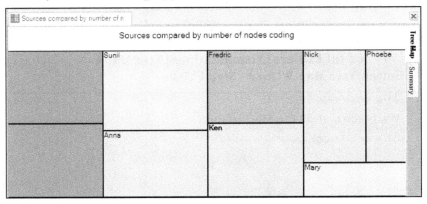

Fliken **Summary** till höger visar antalet kodade segment och antalet noder per källobjekt:

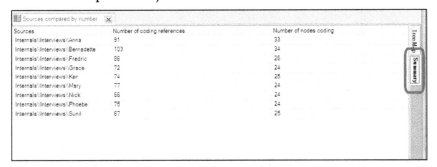

Med **Tree Map | Options | Color Scheme** kan du växla mellan inga färger, färgschema för antalet noder, antalet kodade segment eller eget färgschema. Du kan också välja mellan fyra olika Color Spectra. **Tree Map | Options | Select Data** öppnar en dialogruta identisk med guiden **Tree Map Wizard – Step 2** och du kan modifiera din Tree Map.

En Tree Map kan också användas så här: Välj ett ord i grafen, högerklicka och menyalternativen är: **Open Source** (eller dubbelklicka eller [**Ctrl**] + [**Shift**] + [**O**]), **Export Diagram, Print, Copy** (hela diagrammet), **Item Properties, Select Data**.

Graphs

Graphs är en snabb och enkel metod att demonstrera hur ett enskildt källobjekt eller en enskild nod förhåller sig till andra objekt:

1   Välj det objekt i Område 3 som du vill analysera.

2   Gå till **Explore | Visualizations | Graph**.

Menyfliken **Graph** öppnas och följande bild visas direkt i Område 4:

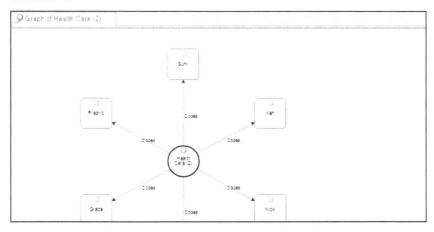

Med **Graph | Display** <options> kan du välja vilka associerade data du vill visa i grafen.

Som du kan se har grafen samma utseende som Models (se kapitel 23, Models), och den kan också sparas som en 'äkta' model genom att gå till **Graph | Create | Create Model from Graph**.

En Graph kan också användas så här: Välj ett objekt i grafen, högerklicka och menyalternativen är: **Open Item** (eller **[Ctrl]** + **[Shift]** + **[O]**), **Graph** (skapar en ny graf från det valda objektet), **Item Properties** (eller dubbelklicka), **Export Graph, Print, Copy** (hela grafen), **Create Model from Graph**.

25. REPORTS OCH EXTRACTS

Reports innehåller samlad information om ditt projekt inklusive de olika objekten som det består av. Du kan visa och skriva ut dessa Reports. Till exempel kan du se vid ett visst tillfälle hur kodningen framskrider genom att köra en Report som listar alla källobjekt och alla noder som dessa kodats mot.

Ett Extract kan exportera en samling data i form av textfil, Excel-fil eller XML-file. I vissa fall kan använda sådant data för kompletterande analys i andra programvaror.

Om Views och Fields

I Reports och Extracts, är en View en grupp av datafält som grupperats samman. Det finns fem olika Views: Source, Source Classification, Node, Node Classification och Project Items. När du skapar en Report eller ett Extract, välj den View som innehåller de fält som du vill inkludera i din Report eller ditt Extract.

View	Comment
Source	Report on sources including which Nodes code the sources. This view also includes collections, which you could use to limit the scope of your reports.
Source Classification	Report on the classifications that are used to describe your sources. You can create reports that show the classifications in your project or how your sources are classified. This view does not contain any coding information. To report on coding in sources, choose the Source view.
Node	Report on the Nodes in your project including sources they code, coding references, and any classifications assigned to them. This view includes 'intersecting' Nodes which is useful for reporting on how coding at two Nodes coincides—for example see which 'cases' intersect selected themes. This view also includes collections, which you could use to limit the scope of your reports.
Node Classification	Report on the classifications, attributes and attribute values used to describe the people, places and other cases in your project. You can use this view to show the classification structure, or the demographic spread of classified Nodes. This view does not contain any coding information. If you want to report on coding at Nodes, choose the Node view.
Project Items	Use this view to create reports about the structure of your project. Report on your project and the Project Items, including the types of Project Items and who created them.

Mallar för Reports och Extract

NVivo levereras med 8 fördefinierad Report-mallar och 8 fördefinierad Extract-mallar som direkt kan användas i ett NVivo-projekt. Dessa mallar kan användas, tas bort eller modifieras av användaren. Nya Reports och Extracts kan skapas för det aktuella projektet eller exporteras för användning i andra projekt. Om du vill ärva Reports och Extracts från ett projekt till nästa nya projekt, markera *Add predefined reports/extracts to new projects* vid fliken **General** i dialogrutan **Application Options**, se sidan 36.

De fördefinierade Report-mallarna finns i mappen **Reports** som du når med navigationsknappen [**Reports**]:

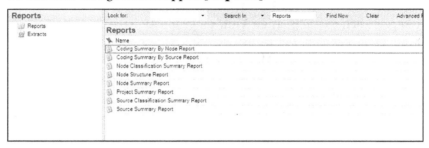

De Report-mallar som innehåller *contents dvs data* är 'Coding Summary By Node Report' och 'Coding Summary By Source Report'.

De fördefinierad Extract-mallarna finns i mappen **Extracts** som du når med navigationsknappen [**Reports**]:

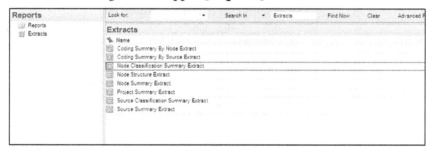

De Extract-mallar som innehåller *contents dvs data* är 'Coding Summary By Node Extract' och 'Coding Summary By Source Extract'.

Reports

Skapa en ny Report med Report Designer

1   Gå till **Explore** | **Reports** | **New Report** → **New Report via Designer...**

Dialogrutan **New Report** visas:

Menyfliken **Report** öppnas. Om du vill använda alternativet *From an extract* måst du använda [**Select**] för att välja en existerande Extract-mall och du kommer att ärva View och fields. Vi har skrivit namn och titel på din Report och vi har valt View *Source*.

2   Klick på [**OK**].

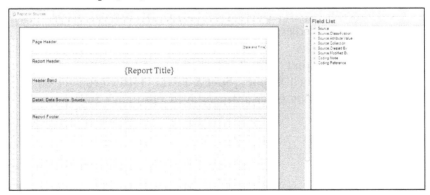

I Report Designer är begreppet Controls centralt. Controls är statiska fält med label data eller dynamiska fält med data. Följande bild förklarar. Först väljer du ett fält från listan med rubriker i panelen till höger. Sen går du till **Report** | **Add/Modify** eller

317

högerklickar och väljer **Add Field**. Resultatet är två kontroller, Label Control och Field Control.

Text eller bildkontrollerna skapas när du klickar på tom plats omedelbart under en av rubrikbanden till exempel Report-rubriken. Då skapas en tom kontroll som är rektangulär. Sen går du till **Report | Header & Footer** för att sätta in Report Title, Report Location, User Name, Date and Time, Project Name eller Page N of M.

Du kan också skapa din egen textruta eller en bild (logga). Gå till **Report | Controls** och välj Text eller Bild. Sådana kontroller kan enkelt ändra storlek, flyttas, tas bort etc. Redigera text görs genom att dubbelklicka på texten och då visas antingen dialogrutan **Modify Text** eller **Modify Label**.

Om du behöver ändra typsnitt, färg eller storlek välj kontrollen och gå till **Home | Format** och gör de ändringar du behöver.

Kommandot **Report | Page | Layout** kan användas för att gå mellan Tabular eller Columnar layout för en icke grupperad Report och Stepped, Blocked eller Outlined layout för en grupperad Report.

En grupperad Report skapas genom att gå till **Report | Grouping | Group** och sedan väljer du ett eller flera fält som skall skapa rubriker i din Report.

Kommandot **Report | Sort & Filter | Sort** möjliggör att ändra sorteringsreglerna och **Report | Sort & Filter | Filter** erbjuder en möjlighet att använda filter antingen med fasta eller ändringsbara inställningar.

Exempel på en Report baserad på Source View

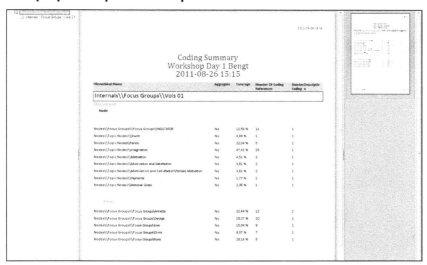

Skapa en Report med guiden Report Wizard

Guiden Report Wizard erbjuder en systematisk metod för att skapa
en ny anpassad Report för ditt projekt:

1 Gå till **Explore | Reports | New Report → New Report via
 Wizard...**

 Guiden **Report Wizard – Step 1** visas:

2 Välj *Node Classification* från listrutan vid **From a view**.
 Om du vill använda alternativet *From an extract* måste du

använda [**Select**] för att välja en existerande Extract-mall
och du kommer att ärva View och fields.

3   Klicka på [**Next**].

Guiden **Report Wizard - Step 2** visas:

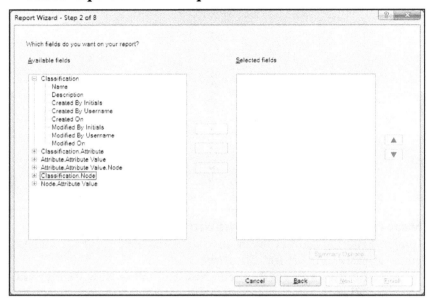

4   Expandera fältrubrikerna och välj de fält från vänstra
     rutan som skall ingå i din Report, klicka på [>]-knappen och
     fälten förs över till högra rutan.

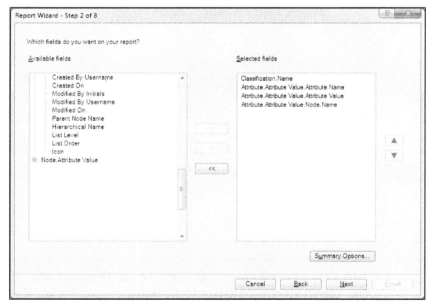

5   Klicka på [**Next**].

Guiden **Report Wizard - Step 3** visas:

6   Använd [**Add**]-knappen för att skapa första filterraden och
    sedan [**Select**]-knappen för att begränsa din Report. Med
    [prompt for parameter] i högra textrutan måste
    användaren välja parameter varje gång din Report körs.

7   Klicka på [**Next**].

Guiden **Report Wizard - Step 4** visas:

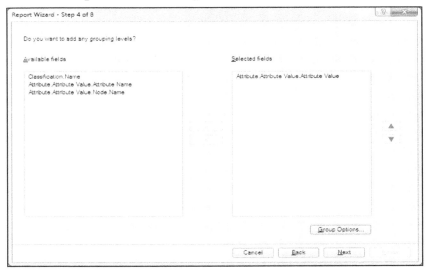

8   Gruppering är ett sätt att införa rubriker i din Report som
    då blir lättare att läsa. Vi väljer *Attribute.Attribute
    Value.Attribute Value* och använder [>]-knappen att föra
    över fälten till högra rutan.

9   Klicka på [**Next**].

Guiden **Report Wizard - Step 5** visas:

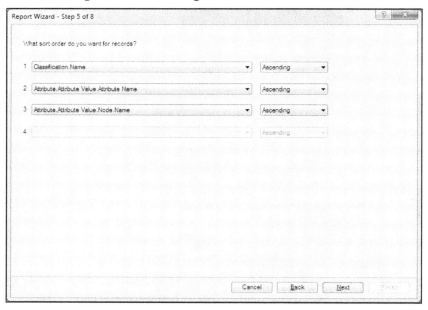

10 Vi bestämmer sorteringsordningen med listrutorna.
11 Klicka på [**Next**].

Guiden **Report Wizard - Step 6** visas:

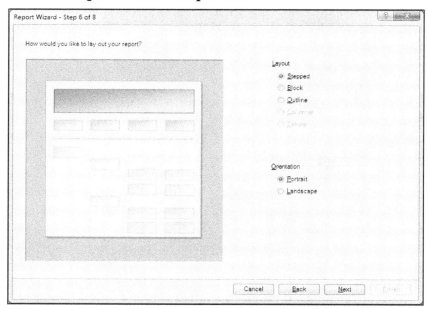

12 Vi accepterar grundinställningarna som är *Stepped* layout och *Portrait* orientation.
13 Klicka på [**Next**].

Guiden **Report Wizard – Step 7** visas:

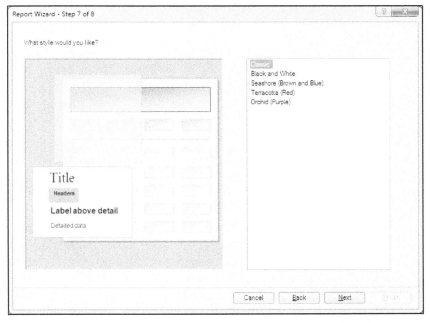

14 Vi accepterar grundinställningen som är *Classic* style.
15 Klicka på [**Next**].

Guiden **Report Wizard – Step 8** visas:

16 Slutligen skriver vi namn och titel på din Report och
eventuellt en beskrivning.

17 Klicka på [**Finish**].
Din nya **Report** öppnas:

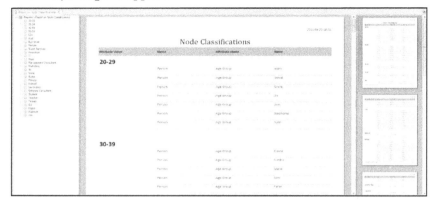

Den vänstra panelen kallas Report Map och kan användas för att finna rubriker i din Report. Den högra panelen kallas miniatyrer och kan användas för att hitta en viss sida. Report Map och minatyrerna kan döljas genom att gå till **View** | **Detail View** | **Report** och avmarkera **Report Map** eller **Thumbnails** som är pendelfunktioner
Härifrån kan du skriva ut din Report eller exportera den som ett Word-dokument.

Exportera en Report
1 Klicka på [**Reports**] i Område 1.
2 Välj mappen **Reports** i Område 2.
3 Välj en Report i Område 3.
4 Öppna din Report.
5 Gå till **Export** | **Export** → **Export Report Results** eller [**Ctrl**] + [**Shift**] + [**E**].
6 Bestäm lagringsplats, filtyp (Word-format, text-format, Excel-format, PDF, RTF, Web-format) och filnamn. Klicka på [**Save**].

Exportera en Report-mall
1 Klicka på [**Reports**] i Område 1.
2 Välj mappen **Reports** i Område 2.
3 Välj en Report i Område 3.
4 Gå till **Export** | **Export** → **Export Report** eller högerklicka och välj **Export** → **Export Report** eller [**Ctrl**] + [**Shift**] + [**E**].
5 Bestäm lagringsplats och filnamn. Filtypen är redan bestämd till .NVR. Klicka på [**Save**].
Resultatet är en Report-mall som kan importeras och användas i andra projekt.

Importera en Report-mall

1   Gå till **External Data | Import | Report**.
Standard lagringsplats är mappen **Reports**.
Gå till 5.

alternativt

1   Klicka på [**Reports**] i Område 1.
2   Välj mappen **Reports** i Område 2 eller undermapp.
3   Gå till **External Data | Import | Report**.
Gå till 5.

alternativt

3   Peka på tom plats i Område 3.
4   Högerklicka och välj **Import Report...**
5   Dialogrutan **Import Report** visas.
6   Välj den Report-mall .NVR som du vill importera. Klicka på
[**Öppna**].

Dialogrutan **Report Properties** visas:

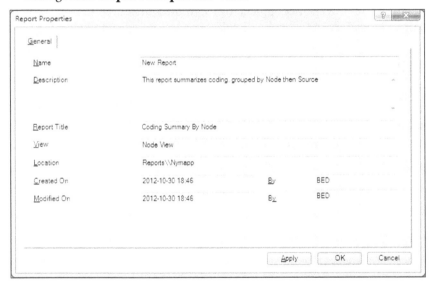

7   Om du önskar kan du ändra uppgifterna i dialogrutan.
Klicka på [**OK**].

Redigera en Report

Genom att öppna en Report i Report Designer kan du ändra flera
inställningar men inte gällande View och Style:

1   Klicka på [**Reports**] i Område 1.
2   Välj mappen **Reports** i Område 2 eller undermapp.
3   Välj en Report i Område 3.
4   Gå till **Home | Item | Open → Open Report in Designer...**
eller högerklicka och välj **Open Report in Designer...**
eller [**Ctrl**] + [**Shift**] + [**O**].

Resultatet kan se ut så här:

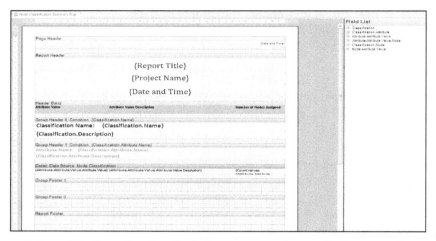

I detta läge kan du göra de ändringar som Report Designer medger.

Menyfliken **Reports** öppnas. Här kan du ändra layout, modifiera filter, modifiera sidhuvud och sidfot, ändra gruppering och ändra sortering. Du kan också skapa din egen textruta eller en bild (logga).

Extracts

Skapa ett Extract

Ett Extract gör det möjligt att exportera en del av ditt projekt i form av en textfil, ett Excel-ark eller en XML-fil.

1   Gå till **Explore | Reports | New Extract...**

Guiden **Extract Wizard – Step 1** visas:

2   Välj *Source* från listrutan vid **View**.

3   Klicka på [**Next**].

Guiden **Extract Wizard** – **Step 2** visas:

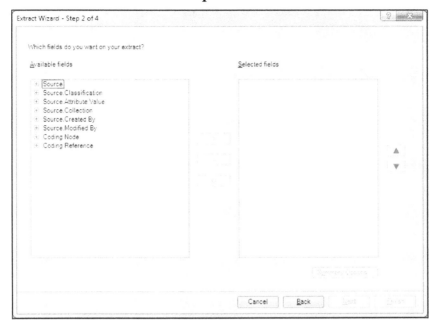

4   Expandera fältrubrikerna och välj de fält från vänstra
     rutan som skall ingå i ditt Extract och klicka på [>]-
     knappen och fälten förs över till högra rutan.

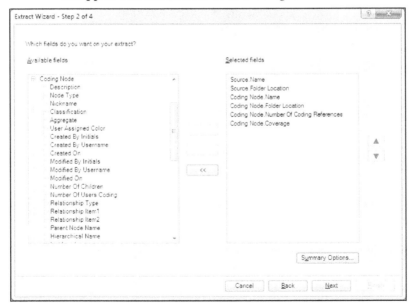

5   Klicka på [**Next**].

Guiden **Extract Wizard** - **Step 3** visas:

6   Använd [**Add**]-knappen för att skapa första filterraden och
     sedan [**Select**]-knappen för att välja det fält som skall
     begränsa ditt Extract. Om du lämnar högra textrutan med
     [prompt for parameter] kommer användaren att behöva
     välja parameter varje gång ditt Extract körs.
7   Klicka på [**Next**].

Guiden **Extract Wizard** – **Step 4** visas:

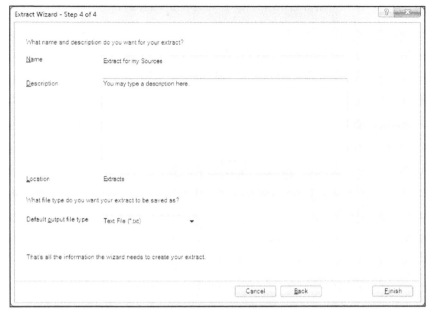

8   Skriv namn på ditt Extract (obligatoriskt) och eventuellt en
beskrivning. Standard filformat kan också ställas in men
det kan du ändra för varje gång du kör ett Extract. De fil-
format du kan välja bland är: Textfil, Excel-ark och XML-fil.
9   Bekräfta med [**Finish**].

Exportera (köra) ett Extract
1   Klicka på [**Reports**] i Område 1.
2   Välj mappen **Extracts** i Område 2 eller undermapp.
3   Välj ett Extract i Område 3.
4   Gå till **Reports | Run Extract**
eller dubbelklicka
eller högerklicka och välj **Run Extract**.
5   Bestäm lagringsplats, filtyp och filnamn. Klicka på [**Save**].

Exportera en Extract-mall
1   Klicka på [**Reports**] i Område 1.
2   Välj mappen **Extracts** i Område 2 eller undermapp.
3   Väl ett Extract i Område 3.
4   Gå till **External Data | Export | Export → Export Extract**
eller högerklicka och välj **Export → Export Extract**
eller [**Ctrl**] + [**Shift**] + [**E**].
Bestäm lagringsplats och filnamn. Filtypen är redan bestämd till
.NVX. Resultatet är en Extract-mall som kan importeras till andra
NVivo-projekt.

Importera en Extract-mall

1 Gå till **External Data | Import | Extract**.
  Standard lagringsplats är mappen **Extracts**.
  Gå till 5.

alternativt

1 Klicka på [**Reports**] i Område 1.
2 Välj mappen **Extracts** i Område 2 eller undermapp.
3 Gå till **External Data | Import | Extract**.
  Gå till 5.

alternativt

3 Peka på tom plats i Område 3.
4 Högerklicka och välj **Import Extract...**
5 Dialogrutan **Import Extract** visas.
6 Välj den Extract-mall .NVX som du vill importera. Klicka på
  [**Öppna**].

Dialogrutan **Extract Properties** visas:

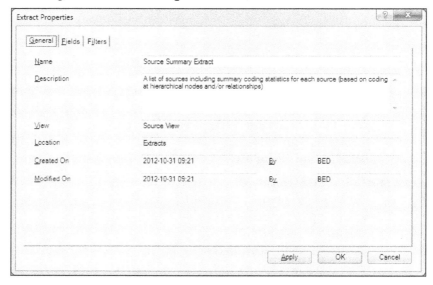

7 Om du önskar kan du ändra uppgifterna i dialogrutan.
  Klicka på [**OK**].

Redigera ett Extract

Ett Extract modifieras (dock ej gällande View) genom att öppna
Extract Properties:

1 Klicka på [**Reports**] i Område 1.
2 Välj mappen **Extracts** i Område 2 eller undermapp.
3 Välj ett Extract i Område 3.
4 Gå till **Home | Item | Properties → Extract Properties...**
  eller högerklicka och välj **Extract Properties**
  eller [**Ctrl**] + [**Shift**] + [**P**].

26. HJÄLPFUNKTIONER I NVIVO

En oerhört viktig del av kunskapsområdet NVivo är tillgången på
hjälp och supportfunktioner. Du kan använda hjälpfiler online eller
offline. Inställningen för online/offline gör du genom att gå till **File**
→ **Options** då du når fliken **General** i dialogrutan **Application
Options**:

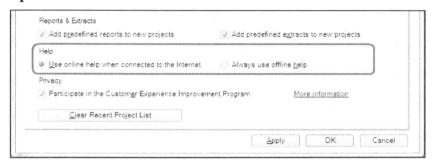

Hjälpdokument

1   Gå till **File** → **Help** → **NVivo Help**
     eller använd [?] symbolen i övre högra hörnet av skärmen
     eller [F1].

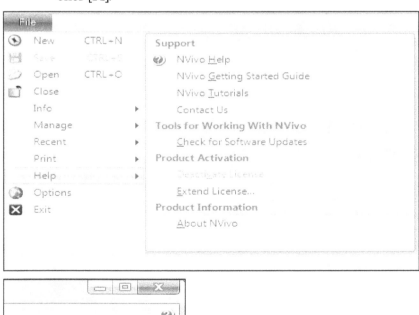

Startbilden för **Oneline Help** ser ut så här:

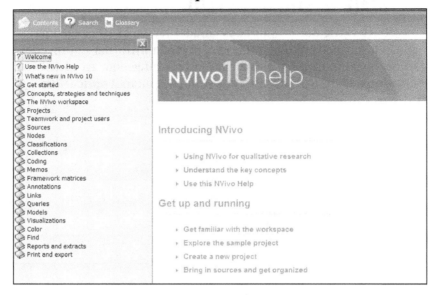

Tutorials

NVivo har ett antal tutorials i form av videoklipp:

1 Gå till **File → Help → NVivo Tutorials**.

Adobe Flash Player behövs för att spela dessa tutorials.

Support och teknisk assistans

Som innehavare av denna bok är du välkommen att kontakta **support@formkunskap.com** eller via Skype **bengt.edhlund** vad gäller installationsproblem eller användarprocedurer som beskrivits i denna bok.

Om du råkar ut för problem med prestanda skapas en fellogg automatiskt. Loggfilerna lagras rutinmässigt i mappen Mina dokument för inloggad användare. Sådana loggfiler har följande namnstruktur: '**err<date>T<time>.log**'. Det är en textfil och om du behöver teknisk assistans kan du ibland behöva sända en eller flera sådana filer för analys till QSR Support eller deras lokala representant.

Programmversion och Service Packs

Man bör alltid vara väl medveten om vilken programversion och vilken Service Pack man använder. En Service Pack är ett gratis tilläggsprogram som förutom vissa felrättningar kan innehålla nya eller förbättrade funktioner. Förutsatt att man är internetansluten och har aktiverat *Check for Update every 7 Days* enligt sidan 38 får man ett meddelande på skärmen när en nyare Service Pack finns att hämta. Det är alltid en god regel att ständigt använda senast tillgängliga Service PackService Pack:

   1   Gå till **File → Help → About NVivo**.

Bilden visar programversion och installerad Service Pack:

27. ORDLISTA

Här följer en lista på de viktigaste ord, begrepp och termer som används i denna bok. Vi utgår från de engelska begreppen.

Advanced Find	Sökning på namn på källobjekt, noder eller andra objekt. Använd **Find Bar - Advanced Find**.
Aggregate	Med aggregate menas att en viss toppnod i en hierarkisk struktur ackumulerar den logiska summan av alla närmaste undernoder.
Annotation	En notering länkat från ett segment i ett källobjekt. Påminner om en vanlig fotnot.
Attribute	En variabel som används i samband med källobjekt och noder. Exempel: ålder, kön, utbildning.
Autocoding	Ett smidigt sätt att samtidigt skapa noder och koda baserat på viss struktur i texten.
Boolean Operator	De klassiska operanderna AND, OR eller NOT för att skapa logiska söksträngar, som konstrueras enligt den Booleska algebran.
Case Node	En Case Node (källnod) är en medlem av en grupp noder som klassificeras med Attributes och Values som avspeglar demografiska eller beskrivande data. Case Nodes kan vara människor (informanter), platser eller anna grupp av objekt med likande egenskaper.
Casebook	En term som användes av NVivo 8 och motsvarar Classification Sheet i senare versioner av NVivo.
Classification	En samling Attributes att användas för att beskriva källobjekt eller noder.
Classification Sheet	En matris som beskriver sambandet mellan attribut och värden för källobjekt eller noder.
Cluster Analysis	Cluster analysis or clustering is the assignment of a set of observations into subsets (called *clusters*) so that observations in the same cluster are similar in some sense. Clustering is a method of unsupervised learning, and a common technique for statistical data analysis used in many fields, including machine learning, data mining, pattern recognition, image analysis, information retrieval, and bioinformatics.

Coding	Arbetet med att associera ett element i ett källdokument till en viss nod
Coding Stripe	Grafisk representation av kodning i ett källobjekt.
Coding Queries	En metod att konstruera sökfrågor genom att kombinera noder eller attributvärden.
Compound Queries	En metod att konstruera sökfrågor genom att kombinera olika typer av sökfrågor.
Coverage	Den andel (i tecken, tid eller yta) av ett källobjekt som är kodad till en viss nod.
Dataset	A structured matrix of data arranged in rows and columns. Datasets can be created from imported Excel spreadsheets or captures social media data.
Dendrogram	The dendrogram is a tree-like plot where each step of hierarchical clustering is represented as a fusion of two branches of the tree into a single one. The branches represent clusters obtained on each step of hierarchical clustering.
Discourse Analysis	En diskurs är ett samlingsnamn för de infallsvinklar, sätt att resonera, frågeställningar och så vidare, som tillämpas inom ett visst område. Diskursanalysen studerar hur ett textmaterial kan struktureras och hur dess element kan ha inbördes relationer.
Document	Till NVivo importerade textbaserade källdokument.
Dropbox	A cloud-based software solution that allows file syncing across several computers..
EndNote	Ett kraftfullt och populärt referenshanteringsprogram.
Ethnography	Etnografi är forskning som undersöker egenskaper och värderingar hos olika kulturella grupper.
Evernote	A popular cloud-based notetaking platform that creates text and voice memos.
Facebook	A social networking platform where users can become 'friends' and post content on one another's personal page ('walls'). Social groups are also available in Facebook (pages).

Filter	En funktion som på något sätt begränsar ett urval av värden eller objekt för att underlätta bearbetning av stora datamängder.
Find Bar	Ett verktygsfält som finns strax ovanför List View.
Focus Group	En utvald, begränsad grupp som anses vara representativ för en större population.
Folder	En mapp som skapas av NVivo är en virtuell mapp men fungerar i stort som en mapp i Windows.
Framework	A data matrix that allows you to easily view and summarize areas of your data you wish to more closely explore.
Grounded Theory	Vedertagen kvalitativ metod där teorier växer fram ur data snarare än att en given hypotes skall beläggas eller förkastas.
Grouped Find	En funktion för att finna objekt som har vissa relationer till varandra.
Hushtag	A 'keywording' convention that places a number sign ($^{\#}$) before a term in order to allow text-based searches to distinguish searchable keywords from standard discourse (see also, Twitter).
Hyperlink	En länk som leder till objekt utanför NVivo-projektet. Kan leda till enskild fil eller webbsajt.
In Vivo Coding	In Vivo kodning innebär att man skapar en ny fri nod genom att markera text och använda In Vivo kommandot. Noden får samma namn (upp till 256 tecken) som den markade texten men namnet kan ändras senare.
Items	Alla objekt som utgör ett projekt. De är mappar, källor, noder, klassifikationer, frågor, resultat, models.
Jaccard's Coefficient	The **Jaccard index**, also known as the **Jaccard similarity coefficient** (originally coined *coefficient de communauté* by Paul Jaccard), is a statistic used for comparing the similarity and diversity of sample sets

Kappa Coefficient	**Cohen's kappa coefficient, (K),** is a statistical measure of inter-rater agreement. It is generally thought to be a more robust measure than simple percent agreement calculation since **K** takes into account the agreement occurring by chance. Cohen's kappa coefficient measures the agreement between two raters who each classify N items into C mutually exclusive categories. If the raters are in complete agreement then **K** = 1. If there is no agreement among the raters (other than what would be expected by chance) then **K** $\leq$ 0.
LinkedIn	A professional social networking site where users become 'connections' and participate in group discussions in 'groups'.
Matrix Coding Query	Ett sätt att ställa frågor i tabellform där rader och kolumner definieras som givna objekt och innehållet i varje cell är resultatet av raden och kolmnen kombinerat med viss operand.
Medline	Världens mest poulära vetenskapliga databas inom medicin och hälsovård.
Memo	Ett textobjekt som är knutet till ett källobjekt eller en nod
Memo Link	Endast en länk kan finnas från ett objekt till ett memo
MeSH	MeSH (Medical Subject Headings), the terminology or controlled vocabulary used in PubMed and associated information sources.
Mixed Methods	En kombination av kvantitativa och kvalitativa studier.
Model	Grafisk represenation av objekt och deras inbördes relationer.
Node	Nämns ofta som "container". Utvalda begrepp såsom teman, ämnesområden. En nod innehåller pekare till hela eller delar av dokument. Noder kan ordnas i trädstruktur.
OCR	Optical Character Recognition, a method together with scanning making it possible to identify characters not only as an image.
OneNote	Microsoft's cloud-based notetaking platform that creates text and voice memos.

Pearson Correlation Coefficient	A type of correlation coefficient that represents the relationship between two variables that are measured on the same interval or ratio scale.
Phenomenology	En metod som utgör en beskrivande, eftertänksam och nyskapande undersökningsmodell ur vilken man kan verifiera sina hypoteser.
Project	Ett projekt är ett samlingsnamn för alla data och sammanhängande arbeten som NVivo används till.
PubMed	Den mest kända vetenskapliga databasen inom medicin, hälsovård och närliggande områden (jämför Medline).
Qualitative Research	Forskning vars data har sitt ursprung i observationer, intervjuer eller dialog och som fokuserar på deltagarnas åsikter, upplevelser, värderingar och tolkningar.
Quantitative Research	Forskning som uppmärksamt studerar fakta och förekomst, insamlar av data genom mätningar och som drar slutsatser med hjälp av beräkningar och statistik.
Ranking	Ordnandet av sökresultat enligt fallande eller stigande relevans.
References coded	Med *References coded* menas ett kodat segment (t ex ett textsegment) av ett källobjekt.
RefWorks	Ett populärt referenshanteringsprogram.
Relationship	En nod som definierar ett samband mellan två objekt. Relationsnoden definierar alltid en viss relationstyp.
Relationship Type	Begrepp (ofta ett beskrivande verb) som definierar en relation eller ett beroende mellan två objekt.
Relevance	Relevans i ett sökresultat ett mått på framgång eller matching för det ämnesområde du valt genom ämnesord och andra kriterier i din sökning. Relevans kan beräknas genom antal träff i valda avsnitt av resultatet.
Research Design	En plan för att samla in och bearbeta data så att önskad information erhålls med tillräckligt bra tillförlitlighet så att en given hypotes kan prövas på ett korrekt sätt.
Result	Resultatet är svaret på en sökfråga. Kan visas

	som Preview eller sparas som nod.
Saving Queries	Möjlighet att spara sökningar för att enkelt kunna återanvända eller modifiera dem.
See Also Link	En länk som går mellan två objekt, från ett visst område i ett objekt till ett visst område i ett annat objekt eller till hela objektet.
Service Pack	Tilläggsprogram till viss produktversion som kan innebära rättningar av programfel, förbättrad prestanda, förbättade eller nya funktioner.
Set	En delmängd eller "kollektion" av utvalda objekt. Sparas och kan visas i form av genvägar till objekten.
Sørensen Coefficient	The **Sørensen index**, also known as **Sørensen's similarity coefficient**, is a statistic used for comparing the similarity of two samples. It was developed by the botanist Thorvald Sørensen and published in 1948.
Stop Words	Stop words are less significant words like conjunctions or prepositions, that may not be meaningful to your analysis. Stop words are exempted from Text Search Queries or Word Frequency Queries.
Twitter	En webbsajt för sociala kontakter där användarna skriver 'tweets' som maximalt får innehålla 140 tecken.
Uncoding	Arbetet med att ta bort en given kodning av ett källobjekt mot en viss nod.
Validity	The validity of causal inferences within scientific studies, usually based on experiments.
Value	Värden som ett visst attribut kan anta. Påminner om "Controlled Vocabulary". Exempel: man, kvinna
Zotero	Ett referenshanteringsprogram.

BILAGA A – SKÄRMBILDEN I NVIVO

Skärmbilden i NVivo

1. Navigeringsknapparna
2. Virtuella utforskaren
3. Listan
4. Detaljerna – Öppnde objekt

NVivos skärmbild påminner om Microsofts Outlook. Man börjar med navigeringsknapparna (**1**) och väljer en grupp av virtuella mappar (**2**). Med mapparna väljer man objektgrupp (**3**). Objekten öppnas genom att klicka på dem och det öppnade objektet visas i (**4**). Detta fönster kan också frikopplas.

För att arbeta vidare kan man högerklicka (lägesberoende) eller använda menyflikar eller kortkommandon.

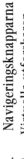

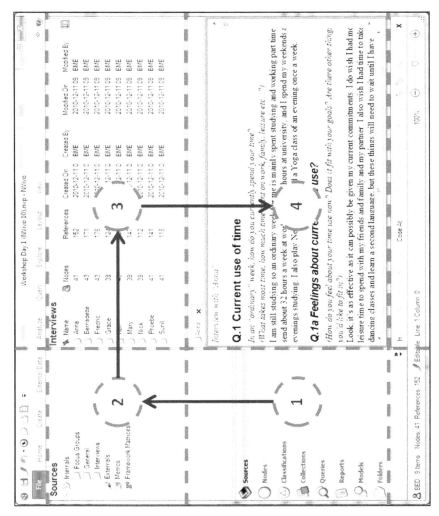

BILAGA B - KORTKOMMANDON

Här följer några av de mest användbara kortkommandona. Många följer generella Windows-regler andra är specifika för varje program. Kortkommandon minskar risken för *musarm*!

Windows	Word	NVivo 10	Kortkommando	Beskrivning
✓	✓	✓	[Ctrl] + [C]	Copy
✓	✓	✓	[Ctrl] + [X]	Cut
✓	✓	✓	[Ctrl] + [V]	Paste
✓	✓	✓	[Ctrl] + [A]	Select All
✓	✓	✓	[Ctrl] + [O]	Open Project
	✓[14]	✓	[Ctrl] + [B]	Bold
	✓[14]	✓	[Ctrl] + [I]	Italic
	✓[14]	✓	[Ctrl] + [U]	Underline
	✓[14]		[Ctrl] + [K]	Insert Hyperlink
		✓	[Ctrl] + [E]	Switch between Edit mode and Read Only
		✓	[Ctrl]+[Shift]+[K]	Link to New Memo
		✓	[Ctrl]+[Shift]+[M]	Open Linked Memo
		✓	[Ctrl]+[Shift]+[N]	New Folder/Item
		✓	[Ctrl]+[Shift]+[P]	Folder/Item Properties
		✓	[Ctrl]+[Shift]+[O]	Open Item
		✓	[Ctrl]+[Shift]+[I]	Import Item
		✓	[Ctrl]+[Shift]+[E]	Export Item
		✓	[Ctrl]+[Shift]+[F]	Advanced Find
		✓	[Ctrl]+[Shift]+[G]	Grouped Find
		✓	[Ctrl]+[Shift]+[U]	Move Up
		✓	[Ctrl]+[Shift]+[D]	Move Down
		✓	[Ctrl]+[Shift]+[L]	Move Left
		✓	[Ctrl]+[Shift]+[R]	Move Right
		✓	[Ctrl]+[Shift]+[T]	Insert Time/Date

---

[14] Gäller engelsk version av Word.

Windows	Word	NVivo 10	Kortkommando	Beskrivning
	✓	✓	[Ctrl] + [G]	Go to
✓	✓	✓	[Ctrl] + [N]	New Project
✓	✓	✓	[Ctrl] + [P]	Print
✓	✓	✓	[Ctrl] + [S]	Save
		✓	[Ctrl] + [M]	Merge Into Selected Node
		✓	[Ctrl] + [1]	Go Sources
		✓	[Ctrl] + [2]	Go Nodes
		✓	[Ctrl] + [3]	Go Classifications
		✓	[Ctrl] + [4]	Go Collections
		✓	[Ctrl] + [5]	Go Queries
		✓	[Ctrl] + [6]	Go Reports
		✓	[Ctrl] + [7]	Go Models
		✓	[Ctrl] + [8]	Go Folders
✓	✓		[Ctrl] + [W]	Close Window
✓	✓		[Ctrl]+[Shift]+[W]	Close all Windows of same Type
	✓	✓	[F1]	Open Online Help
		✓	[F4]	Play/Pause
		✓	[F5]	Refresh
	✓	✓	[F7]	Spell Check
		✓	[F8]	Stop
		✓	[F9]	Skip Back
		✓	[F10]	Skip Forward
		✓	[F11]	Start Selection
		✓	[F12]	Finish Selection
	✓	✓	[Ctrl] + [Z]	Undo
	✓		[Ctrl] + [Y]	Redo
	✓	✓	[Ctrl] + [F]	Find
	✓	✓	[Ctrl] + [H]	Replace (Detail View)
		✓	[Ctrl] + [H]	Handtool (Print Preview)
		✓	[Ctrl] + [Q]	Go to Quick Coding Bar

Windows	Word	NVivo 10	Kortkommando	Beskrivning
		✓	[Ctrl]+[Shift]+[F2]	Uncode Selection at Existing Nodes
		✓	[Ctrl]+[Shift]+[F3]	Uncode Selection at This Node
		✓	[Ctrl]+[Shift]+[F5]	Uncode Sources at Existing Nodes
		✓	[Ctrl]+[Shift]+[F9]	Uncode Selection at Nodes visible in Quick Coding Bar
		✓	[Ctrl] + [F2]	Code Selection at Existing Node
		✓	[Ctrl] + [F3]	Code Selection at New Node
	✓	✓	[Ctrl] + [F4]	Close Current Window
		✓	[Ctrl] + [F5]	Code Sources at Existing Node
		✓	[Ctrl] + [F6]	Code Sources at New Node
		✓	[Ctrl] + [F8]	Code In Vivo
		✓	[Ctrl] + [F9]	Code Selection at Nodes visible in Quick Coding Bar
		✓	[Alt] + [F1]	Hide/Show Navigation View
		✓	[Ctrl] + [Ins]	Insert Row
		✓	[Ctrl] + [Del]	Delete Selected Items in a Model
		✓	[Ctrl]+[Shift]+[T]	Insert Date/Time
		✓	[Ctrl]+[Shift]+[Y]	Insert Symbol
	✓		[Ctrl]+[Alt]+[F]	Insert Footnote
	✓	✓	[Ctrl] + [Enter]	Insert Page break
		✓	[Ctrl] + [Enter]	Carriage Return in certain text boxes

INDEX